国外城市设计丛书

光伏发电在城市环境中的应用

——大规模项目中的经验教训

Photovoltaics in the Urban Environment

[法]布吕诺·盖东
[荷]亨克·卡恩　编著
[英]唐娜·芒罗

徐燊　徐键　译

中国建筑工业出版社

著作权合同登记图字：01-2014-0567 号

图书在版编目（CIP）数据

光伏发电在城市环境中的应用——大规模项目中的经验教训/（法）盖东，（荷）卡恩，（英）芒罗编著；徐燊，徐键译.—北京：中国建筑工业出版社，2014.9
（国外城市设计丛书）
ISBN 978-7-112-16657-2

Ⅰ.①光…　Ⅱ.①盖…②卡…③芒…④徐…⑤徐…　Ⅲ.①太阳能发电-应用-城市规划-研究
Ⅳ.①TU984②TM615

中国版本图书馆CIP数据核字（2014）第061428号

责任编辑：程素荣　张鹏伟
责任设计：董建平
责任校对：刘　钰　张　颖

国外城市设计丛书
光伏发电在城市环境中的应用
——大规模项目中的经验教训

[法] 布吕诺·盖东
[荷] 亨克·卡恩　编著
[英] 唐娜·芒罗
　　　徐燊　徐键　译

＊
中国建筑工业出版社出版、发行（北京西郊百万庄）
各地新华书店、建筑书店经销
北京嘉泰利德公司制版
北京盛通印刷股份有限公司印刷
＊
开本：787×1092毫米　1/16　印张：12　字数：277千字
2015年1月第一版　2015年1月第一次印刷
定价：68.00元
ISBN 978-7-112-16657-2
　　　（25458）

目　录

前 言

本书汇集了 18 个国家的专家的工作成果，他们在欧洲、北美、亚洲及大洋洲等地有着丰富的大型光伏系统建设经验。

本书主要借鉴了以下两个国际团体提供的信息：

■ PV UP-SCALE，该项目隶属于《欧洲智能能源规划》，由欧洲各国投资，主要目标是在欧洲城市推行大规模光伏系统。(www.pvupscale.org)

■ TASK 10，就大规模光伏系统的应用开展的国际合作项目，该项目隶属于《国际能源署光伏发电系统计划》(International Energy Agency Photovoltaic Power Systems Programme, IEA PVPS) (www.iea-pvps.org)

PV UP-SCALE (Photovoltaics in Urban Policies-Strategic and Comprehensive Approach for Long-term Expansion 政策引导光伏 - 适于长远发展的综合策略) 项目有数个目标，其一是使利益相关方意识到城市规划进程中经济驱动力的作用，其二是使他们认识到诸如光伏入网问题这样的发展瓶颈，而其三是让他们知道什么事情该做而什么不该做。该项目和正在实行的《国际能源署光伏发电系统计划》下的 TASK 10 项目形成了良好的互补。

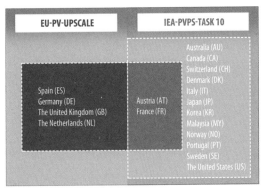

参与项目的国家

TASK 10 项目的目标是促进城市环境中的大规模、方案型光伏系统的发展，这与提升建筑能效、增加太阳能热水和光伏系统的使用率相同，都属于城市发展的综合性策略之一。TASK 10 项目的前身是 2003 年结束的 Task 5（与电网相关）项目和 2001 年结束的 TASK 7（光伏建筑一体化）项目。TASK 系列项目的长期目标是：在国际能源署的成员国中，将光伏变为一道城市中随处可见的、受人喜爱的风景线。

序　言

为应对世界所面临的诸多挑战，我们必须在全球范围内改变现在能源供给与使用方式。我们可从国际能源署（International Energy Agency，IEA）在 2008 年发表的《能源技术展望》（Energy Technolgies Perspectives，ETP）一书中得到上述结论。为创造一个洁净、智能及可持续的未来，八国集团（G8）曾就如何寻求解决现有问题的手段提出过疑问，并呼吁能源署能为决策者提供相应的指导，而《能源技术展望》一书的出版则很好地回应了他们的呼声。该书分析了未来数十年全球能源结构可能的转型程度，并以此为基础做出了展望。目前，最可靠的分析来自政府间气候变化小组（Intergovernment panel on climate change，IPCC），依据他们制订的最新减排计划：到 2050 年，可再生能源将占有全球46% 的能源市场。同时，在众多的可再生能源技术中，光伏技术将扮演重要角色。

地球上的太阳能资源十分丰富，几乎用之不竭，其在全球各处的分布也相对均匀，这使得太阳能有着无法比拟的优势。尽管太阳能资源量会因地域不同而不同，但这并不影响世界上大多数人们使用太阳能。早

在 2001 年，国际能源署就发起了 IEA PVPS TASK 7 计划——即"建成环境中的光伏系统研究"（Photovoltaic Power System in the Built Environment），并分析了在不同国家实现光伏建筑一体化的可能性。研究表明：利用当时已有的建筑和技术手段，就可以实现利用光伏生产数量可观的电力。这项研究还表明：光伏发电是为数不多的可以就地供电的能源技术，换言之，即我们可以很方便地将它应用到建筑和城市环境中。

因此，在之后的实践过程中，人们开始积累相关经验，并把重点放在了如何使用光伏系统的问题上。在后来的 IEA PVPS Task 10 中——即我们与欧洲 PV UP-SCALE 项目合作的、关于"城市规模下光伏系统的应用"问题的研究中，我们也重点讨论了"如何使用光伏系统"的问题。我们收集了全球现有和在建大型光伏项目的信息，并从城市规划、设计方针以及系统安装等角度，对信息进行了客观的分析。上述工作的开展是史无前例的，而此书的出版，正是为了集中呈现这些跨学科的工作成果。

您现在看到的这本书有诸多独特之处：首先，它是第一本对已建成光伏系统案例

及其相关经验进行系统性总结的图书。其次，它还凝结了多学科的专家团队在技术及其他层面的分析成果。最后，本书还是世界两大主流能源计划的合作成果，即国际能源署 PVPS 计划和隶属于欧盟竞争力与创新委员会 (European Commission's Executive Agency for Compeitiveness and Innovation,EACI) 的 PV UP-SCALE 工程。

我相信本书将会吸引来自不同专业领域的大量读者，从建筑师、工程师到城市规划师和项目开发商，都会认识到本书的价值。书中针对不同的案例研究会使读者从全新的角度认识城市规模的光伏应用这一新兴话题，并使他们从实际案例中获得经验。我在此特别感谢来自 IEA PVPS TASK 10 和 PV UP-SCALE 项目的专家，感谢他们对这些珍贵信息的无私奉献。

史蒂芬·诺瓦克
Stefan Nowak
IEA PVPS 主席
2008 年，12 月于瑞士圣乌尔森
(St.Ursen，Switzerland)

当下，全球气候持续变暖、化石能源价格变化无常、供能安全性亟待提高等问题引起了越来越广泛的关注，因此，对着眼于气候变化与能源问题的综合性政策，欧盟（European Union，EU）也显得愈发重视。欧盟表示，到 2020 年，他们要减少至少 20% 的碳排放，以为世界其他国家树立榜样，并为此设立了一系列要在 2020 年实现的雄心勃勃的目标：通过提高能效减少 20% 的能源消耗，以及通过引入诸如光伏等可再生能源系统，来满足剩余能耗中 20% 的需求。

从最新颁布的针对可再生能源（RE）的欧盟指令（EU Directive）中我们可以看出，欧盟已为在 2020 年实现上段所述目标做好了充分准备，在该指令中，他们加入了多项对于光伏发展至关重要的条款：

● 简化可再生能源项目所需的行政程序；
● 考虑是否在地方及地区规划中强制引入可再生能源；
● 减少建筑规范里对可再生能源的使用限制；
● 加强对安装人员的培训与考核；
● 简化光伏与传统输电网的连接过程。

这项新的可再生能源指令要求各成员国（Member State）将其具体战略明确写入《国家行动计划》（National Action Plan）中，以保证 2020 年可再生能源计划的完成，及其他配套工程的建设的完成（比如电力，运输，采暖，制冷等系统）。对各成员国来说，这项工作也是一次很好的在国内宣传光伏的机会。

除欧盟的政策企划之外，其他诸如《战略性能源科技规划》（Strategic Energy Technology Plan，SET）和《欧洲太阳能产业动议》（European Solar Industrial Initiative）都着眼于降低光伏系统的成本，以及如何将技术转变为现实的商业运作等问题。《战略性能源科技规划》由欧盟委员会（European Commission）于 2007 年 11 月提出，其肯定了太阳能技术与欧盟有关气候及能源的政策有密不可分的关系，并将"走向低碳未来"作为口号。相应地，《欧洲太阳能产业动议》的相关领导人也于近期更新了光伏技术的市场目标，现在的目标变得更有野心，也更能反映日益壮大的光伏市场以及人们对于光伏技术的前景日益坚定的信心。

长期以来，欧盟委员会一直支持着光伏技术的研究、发展和推广，通过各研究技术部门（Research and Technological Department）的框架研究项目（Framework Programs，FPs），他们很好地将研究人员与实业家聚集到一起，共同为提高光伏系统的科技水平、推广光伏系统的应用出力。最新的框架研究项目是 FP7（2007 ~ 2013），较之此前的各项目，其在预算上又有所增加。

相比早期的工程项目，近期开展的《欧洲智能能源规划》（Intelligent Energy-Europe)(2007 ~ 2013)的预算，同样有所增加(7 年共 7.3 亿欧元)。该计划每年的工作重点是应付可再生能源市场发展的"软因素"，包括市场障碍的移除、日常行为的改变、节能意识的提升、教育水平的提高、培训体系的专业化、产品标准的出台以及标志的打造等。《欧洲智能能源计划》还支持跨国团队的合作，以便在不同成员国间，为提高能源效率和开发包括光伏在内的可再生能源，创造更多有利的市场条件和更好的商业环境。现在，欧盟的相关政策已为光伏的发展设定了目标与法律框架，而《欧洲智能能源规划》则引导着市场的走向，他们共同决定着项目的成败。

《欧洲智能能源计划》投资的第一个项目是 PV UP-SCALE，该项目与 IEA PVPS Task 10——"城市规模下的光伏系统应用"（Urban-scale Photovoltaic Applications）

有着成果显著的合作，并从中获益匪浅。为了呼应《欧洲智能能源规划》以市场为导向的方法，PV UP-SCALE 项目也相应地对城市环境中分散型并网光伏系统的应用予以了相当程度的重视。该项目涵盖了以下内容：城市规划进程中太阳能技术的引入；与建筑师、工程师、决策者的合作；大量光伏系统与低压电网的连接，其中涉及与公共事业单位及能源公司的交涉；提高相关领域利益相关者的认知水平，例如通过建立全球光伏数据库（PV World Database），为他们提供上百个光伏建筑一体化（BIPV）项目以及数个城市规模项目的信息。

本书也是 PV UP-SCALE 项目的成果之一，它提供了最新的在城市规模下完成光伏规划的信息及相关案例。对于希望将这项创新的、清洁的、富有魅力的技术，应用于新城市发展的建筑师、工程师、开发商及城市规划师来说，本书十分实用。

William Gillett
欧盟委员会可再生能源部门主席（Head of Unit Renewable Energy European Commission EACI）
2008 年 12 月 于比利时布鲁塞尔（Brussels，Belgium）

导　言

唐娜·芒罗，亨克·卡恩和布吕诺·盖东

我们为什么需要可再生能源？

当今世界面临着与能源相关的两大难题。首先，世界经济建立在以石油为主的化石燃料基础上，然而石油储量是有限的，国际能源署（IEA）发布的《2008 年世界能源展望》(the World Energy Outlook 2008) 也突出了世界各地油田产量正在下降的事实，而与此同时，他们预计诸如中国、印度等发展中国家的石油需求量还将会持续增长。所以人们开始逐渐担忧，在这样的背景下，工业化国家可能会出现严重的经济危机。

第二个重大的问题是气候变化。2007 年11 月，依据多国数十年来积累的科研数据，政府间气候变化小组（IPCC，2007）发布了一份综合报告，其中证实了地球正在变暖。报告还第一次清楚地表明：正是人类活动导致了气候的快速变暖。

2007 年 12 月，诺贝尔和平奖被授予给政府间气候变化小组（IPCC）和美国前副总统 Al Gore，以表彰他们在传播大量关于气候变化的知识所付出的努力及在寻找抵御气候变化的必要措施方面所作出的贡献。这再一次证明：我们有必要采取国际性行动，来减轻由化石燃料产生的温室气体带来的负面影响。

解决上述两个问题的办法之一，是利用现有的可再生能源，将以化石燃料为基础的经济转变为以可再生能源为基础的经济。根据联合国给出的数据，全球现有一半的人生活在城市当中，而这些城市每年都会把相当大一部分能源用于居住空间的采暖、制冷，或是交通和物流，抑或是家用电器。在经济合作与发展组织（OECD）的成员国中，就有大约 40% 的能源通过各种形式被用于建

R.K.Pachauri，政府间气候变化小组主席，2007 年诺贝尔奖共同得主
资料来源：© World Economic Forum, swiss-image.ch, photo by Remy Steinegger, Creative Commons

筑环境中，而其中电力所占份额还在不断上升。因此，在城市中推行节能措施和可再生能源可以有效减缓全球变暖。而对于城市来说，太阳能光伏发电（PV）正是利用可再生能源的一种理想方式，因为它的发电过程可在建筑屋顶和立面上完成。

虽然光伏发电现在依然比传统的发电方式昂贵，但随着其产电能力的提高以及不断的研究与发展（R&D）成果，光伏发电的成本必将会大幅降低。在众多可再生能源中，光伏最具长期发展潜力，甚至有专家预言：光伏发电将是最廉价的中、长期发电方式。在今后的几十年里，光伏发电在价格上将比常规电力更具吸引力。（EPIA，2008）

建筑环境中的太阳能光伏发电

在现今的能源系统中，光伏系统是最适合用于在城市环境发电的一套方案。并且和其他众多可再生能源系统一样，光伏发电也是碳中性的。

建筑的屋面和墙面能提供大量未被利用的平面，很适合光伏系统的安装。以现有的技术水平，人们预计：光伏发电对于国际能源署成员城市用电需求的可能贡献值从15%～60%不等，这取决于具体的城市结构。

但光伏并不仅仅只是一套能就地发电的高能效系统。与所有其他能源方案相比，只有光伏能与建筑中其他技术或其审美功能相结合，例如：光伏系统可成为遮阳装置，或被用作建筑围护结构。

从单个的光伏发电项目到城市规模的光伏系统

历史上，大部分的光伏系统都是分散在单个项目中的，而不能在城市中形成成组的系统。而现在，不论是私人住宅，还是公寓建筑或是公共建筑，通常只要业主有意愿，就可以安装光伏系统。然而，如果我们想要光伏系统在二氧化碳减排上起到更大作用，就需要更大规模地安装和使用光伏系统。

与一次性完成的建筑相比，安装大面积的光伏系统会带来许多新的挑战。这不是因为光伏技术本身的问题，事实上光伏技术的技术难题很少，而是由于这样一个事实，即光伏发电涉及多方面的工作，并需和许多利益相关方协调，包括城市规划、开发、建设、

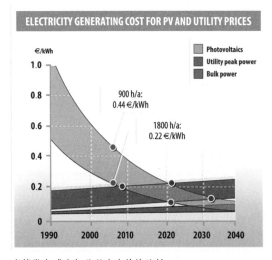

光伏发电成本与公共电力价格比较
资料来源：© European Photovoltaic Industry Association, EPIA, W. Hoffman

光伏遮阳集成到建筑设计上
资料来源：© Hespul

安装在城市新开发区的光伏系统
资料来源：© Sacramento Municipal Utility District

电力等部门，且他们关于光伏的经验都十分有限。同时，大部分行政和管理系统也尚未很好地适应小型分散式发电机组的要求。

从大型项目中获得的经验

本书明确了在城市中建设大规模光伏系统的成功因素和潜在困难。这归功于对已安装或计划安装大规模光伏系统的城市所做的大量经验总结。在所研究的这些城市或地区中，光伏的安装量都十分可观，并对其所在的地区产生了巨大的影响。案例所涉及的国家、发展阶段和利益相关方的数量庞大，不过也正因此，我们获得了综合性的经验，并归纳了一套在城市规划过程中推动光伏应用发展的可行方法。

我们将在第一章为您呈现这些宝贵的经验，其内容根据城市发展的进程分为四个阶段：政策阶段、规划阶段、设计及建设阶段，以及使用阶段。

我们将提供两组共来自 13 个国家的详细光伏案例研究：

● 已经安装一定数量光伏的城市地区，我们会对光伏的维护以及业主对系统的影响等问题进行评估，详见第 2 章。
● 在未来计划安装光伏的城区，在案例中我们将重点关注规划及设计阶段，详见第 3 章。

法律和监管机构的影响我们将在第 4 章中讨论。第 5 章则提供了一些光伏发电的基础知识，诸如场地设计，光伏与美学的关系，并网以及其他各方面的问题。我们建议初次接触光伏技术的读者优先阅读第 5 章。

参考文献

European Photovoltaic Industry Association and Greenpeace (2008) 'Solar Generation V – Solar electricity for over one billion people and two million jobs by 2020', EPIA and Greenpeace, Brussels

Intergovernmental Panel on Climate Change (2007) *Climate Change 2007 – Synthesis Report*, Geneva

International Energy Agency Photovoltaic (2008) *World Energy Outlook 2008*, IEA, Paris

International Energy Agency Photovoltaic Power Systems Programme (2002) *Potential for Building Integrated Photovoltaics*, Report IEA PVPS T7-4:2002, IEA, Paris

第 1 章　为城市规模的光伏系统而规划

唐娜·芒罗

本章主要介绍已安装或计划安装大规模光伏系统的城市所获得的经验教训。这要感谢众多的工程师、建筑师、规划师和业主，正因为他们乐于分享，我们才能从他们成功的经验与所遇问题中有所收获。

我们将这些经验根据城市发展的四个主要阶段分为以下四个部分：

1. 国家和地区政策的形成和发展策略。它们设定了规划师为特定城市地区和开发区制定规划的背景。

2. 场地布局和初步设计阶段。这一阶段对最大化安装可再生能源系统至关重要。

3. 实施阶段——从设计到施工。良好的信息共享和团队合作对这一阶段至关重要。

4. 使用阶段——一个项目成功与否的检验。通常，光伏发电系统安装完成后，人们极易忽视其后续工作，这很可能会导致输出电量的减少。

规划可再生能源

推广可再生能源的国家政策，如馈网电价政策（feed-in tariff），可以为项目发展提供积极的背景，并鼓励私人建筑采用可再生能源。然而当涉及特定区域内的大型可再生能源项目时，地方政府扮演的角色将更加重要。

最近的十几年中，在大多数已安装大量可再生能源系统的城市中，当地市政部门在推广过程中都起到了重要作用。当涉及大量的光伏安装工作时，城市通常都会考虑以下几个重要因素：

- 对本地环境和可持续发展的强烈政治义务；
- 致力于可持续发展和可再生能源的市政部门或机关的参与；

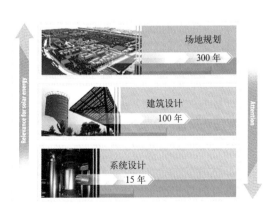

规划的时间尺度
资料来源：© Ecofys

- 部分或全部建筑使用可再生能源的义务；
- 为可再生能源提供的咨询服务；
- 有巨大可再生能源利用前景，但也具有一定挑战性的发展用地。

政治义务

在对可再生能源负有政治义务的地区，光伏项目都很成功，而反过来，项目成功带来的积极反馈也强化了地区的政治义务，并为地区带来了更多的项目。这便形成了一个良性循环：好的项目带来更多的项目并有持续的政策支持。赢得环境奖项能为政治团体提供积极反馈（这不仅有良好的广告效应，在某些案例里，所得奖金还可用于今后可持续项目的发展中），其他方法还有：明确项目对地方经济与消费者能源行为的积极影响并反馈给决策者。

环境部门能起到重要作用

拥有一个有远见的环境／可持续市政部门或官员对项目发展意义重大。他们在界定拥有可再生能源组件的新开发区、为开发商与建筑师联系合适的可再生能源项目并提供相应信息、协助融资工作等环节中都将起到重要作用。他们也参与到了地方太阳能鼓励政策的起草工作中，并且确保将可再生能源项目的广义成果——如对当地经济的影响——反馈给政治团体，这就使地方能持续拥有持续的政策支持。

法律义务拥有巨大影响力

规定在新开发区中应用可再生能源的法律义务能起到巨大的作用。比如在英国，法律规定，新建筑预计能源需求量的10%必须由可再生能源提供，这条法则[首先在伦敦郊区应用，后也被叫作"莫顿法则"（Merton

Rule）]迅速被政府当局采用，这推动了英国对可再生能源的应用。

而在荷兰，新兴城市可以通过自上而下的方式建立，在此过程中，便可加入对使用太阳能的硬性要求。一些大型项目由此诞生，如"太阳城"项目[Stad van der Zon——位于海尔许霍瓦德－阿尔克马尔－兰格蒂克——Heerhugowaard-Alkmaar-Langedijk(HAL)地区]。这些巨大的项目鼓舞人心，但是，由于项目容易受政策变化影响及其自身可操控性不高，实施起来也可能耗时很久。

在法国和德国，土地虽由市政当局规划，但单个建筑的开发权则完全归投资者。市政部门的作用是为投资者制定目标，提供信息并给予鼓励。一些地方的市政部门已经找到了对使用光伏技术增加特定要求的办法。比如，在德国的盖尔森基兴（Gelsenkirchen），政府在土地买卖协议中硬性加入了对使用太阳能的要求。

金钱有价信息无价

本书探讨的很多案例都是通过公共项目获得的项目基金。然而，支持光伏发展的资助项目现已很少见。与此同时，另一些采用创新融资机制——股份制和增加可再生能源发电回报等——的项目变得越来越常见，比如位于弗莱堡（Freiburg）市施赖尔堡（Schlierberg）区的"太阳能小镇"，以及位于格莱斯多夫（Gleisdorf）的公共光伏电站等。

在发展过程中，当开发者对可再生能源的发展承担一定责任，并且不能获得资金支持时，信息支持就将成为关键。

而不同的阶段需由不同的角色提供信息支持。如伦敦的克里登（Croydon）是首批将10%的可再生能源的规则运用在重要开发中的地区。他们面临的困难不是费用问题，而是方法问题。所以，在项目如何获取津贴和采用何种可再生能源等问题上，将由克里登能源网络绿色能源中心（the Croydon Energy Network's Green Energy Centre）提供建议和支持。

在法国里昂（Lyon），当地能源署组织住房协会参观了可再生能源系统。这一颇具创意的举动直接带来了达赫莱泽（La Darnaise）翻新住宅立面上的光伏项目。目前，里昂市中心附近的汇流区正在进行二次开发工程，工程信息由当地专家组成的非正式组织提供。

具有挑战性的开发用地促使项目创新

许多创新性光伏项目最终的共同点都在于其基地的挑战性。越具有挑战性的基地似乎越能激发设计者的创造性，并在一些大型项目中使用可再生能源。法国里昂老工业区的改造工程，英国巴罗（Barrow），德国盖尔森基兴以及澳大利亚悉尼（Sydney）奥运村都是这样的例子。引入可再生能源也是改造社会住宅形象的一种措施，例如在意大利亚利山德里亚（Alessandria）和里昂附近的达赫莱泽区。柏林墙的倒塌给柏林市中心带来了新的发展机遇，而弗莱堡的情况也类似，撤走的法国军队为该市空出了一大片发展用地。

场地布局与阳光入射的影响

作为一种太阳能技术，光伏技术的能效很大程度上受太阳方位和阴影遮挡的影响。这就意味着，在城市规划和场地布局的前期考虑的许多问题，从道路布局、建筑体量到屋顶样式等等，都将极大地影响光伏安装的可能性。而其他的建筑技术大多都在建筑设计阶段而不在场地布局阶段考虑。然而，太阳能光伏，太阳能热水技术和被动式太阳能设计都需要从最初的城市布局规划阶段进行思考。这对传统的工作方法而言是个挑战。

在许多已安装光伏系统的地区，安装光伏都是在场地布局已经确定很久之后才定下的。在许多案例中，开发商或建筑商都是在看过正在施工的项目之后才对光伏感兴趣的，他们选择的开发场地也一定朝向良好，适合安装光伏。而其他可用场地不适合发展光伏的原因是，在前期阶段考虑的一些因素后期很容易被改变。如果我们不从场地设计一开始就考虑阳光射入量，那么最终可利用太阳能的建筑将是很小一部分，而这个数字本可以更大。

在标准的新项目开发过程中，规划师可能不考虑阳光入射（solar access）的问题，而直接进行场地布局，所以在投资方和设计团队确定之前，一些基础设施如道路、电力设施等早已完成。但要确保在场地布局过程中考虑太阳能的确是一个挑战。现在的困难就在于许多建筑专业人士对太阳能知之甚少。可再生能源顾问很可能在一开始并未加入设计团队，而光伏承包商也是直到最后才参与到项目中来。随着整个行业经验的积累，以及场地布局和规划要求成为规划者和开发商工作的一部分，所有的事情都将会变得更简单。但在那之前，我们要为确保在场地布局阶段中考虑太阳能利用潜力而付出更多的努力。

如果在规划最初阶段就要考虑阳光入射问题，就像考虑车行和人行道路的布置，以及停车位的需求等问题一样，那么通常情况下，就有可能确保场地内建筑的朝向位于利用太阳能最好的东南和西南方向之间。如果不考虑这些，那许多建筑的阳光入射量将很低，这不仅会降低安装光伏系统的可行性，而且还会对被动式太阳能技术、采光以及太阳能热水的使用产生不利影响。已形成的城市布局将会保持几百年，这会限制现有太阳能技术使用的可能性，在可预见的未来情况也是一样。

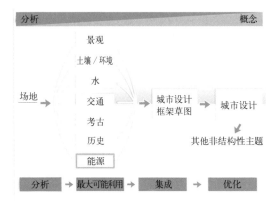

应该在城市布局的最初规划中考虑阳光入射，以在建筑中合理地安装太阳能

资料来源：© Kees Duijvestein

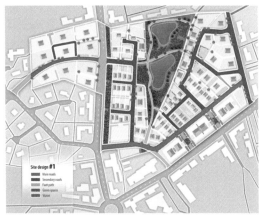

在场地设计中考虑阳光入射的案例

资料来源：© Grand-Lyon

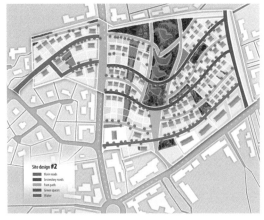

未在场地设计中考虑到阳光入射的案例

资料来源：© Grand-Lyon

供电网络的大小和布局可能很早就固定了，然而，随着可持续化建设的推进，在建筑中使用微型发电装置的趋势越来越明显。微型发电包括微型热电联产系统（CHP, combined heat and power），微型风力发电和光伏发电。电网分销商（DNO, the distribution network operator）应了解新项目中安装微型发电设备的可能性，以便在对当地电网进行设计时能将其考虑进去。

城市规划过程中的变化

在城市规划的方法、规划负责人、规划时间和规划的详细程度等问题上，不同的国家有着显著的不同，甚至"城市规划"这个词在不同地区的意义也不同。某些国家要求在早期城市规划中进行光伏设计，但有些国家就不是这样。

在荷兰，大部分新城市都是自上而下规划的。这种规划方法的内容之一，便是长期的咨询过程，期间项目可能会引入光伏系统，并调整城市的设计方案。在对纽因兰（Nieuwland）所做的案例研究中，我们回顾了于 1999 年完工的第一个大型城市光伏项目。该案例中，人们在城市规划阶段就考虑了太阳能优化问题，并早早将土地分配出去，为的是提供尽可能多的适合安装太阳能板的屋面。而在荷兰的"太阳城"案例中，人们同样把太阳作为项目的出发点之一，尽管有评论指出由于规划师对光伏技术知之甚少，该方法只是哲学意义上的，而不是实用的、科学的。

在德国，人们采用的方法则略有不同。案例研究表明部分市民愿意进行重建区或开发区域的阴影模拟及详细分析，并将结果告知开发商和建筑设计方。例如，在盖尔森基兴－俾斯麦区（Gelsenkirchen-Birmark），总的城市规划就考虑了阴影模拟和建筑表面的太阳辐射计算结果,可谓十分完善。在该地区最初的城市设计草案中,人们对建筑体量和布局进行了评估,并对建筑的高度和间距提出了一些修改建议,以保证每栋建筑都能获得最理想的太阳能利用潜力。为此,当地还专门成立了一个咨询委员会,来协助私人投资者免除阴影遮挡问题的烦恼。

而在法国和英国的案例中,光伏系统则是在城市规划后期才被纳入考虑。这可能与详细的城市规划被拆分为两部分有关,其中城市规划部门只负责出台指导建议,而不用准备详细的方案,商业开发者因此就需对用地进行详细的规划。但由于这些环节存在断裂,要完成计划就变得尤为困难。

成功的实施

随着可持续发展逐渐变成建筑和房地产开发行业的主流,在建筑上安装光伏系统也正由个例转变成建筑和开发过程中不可或缺的一部分。这对光伏以及地产开发产业而言是新的挑战,因为他们还没有习惯相互合作。此外,随着可再生能源安装越来越普遍,没有光伏经验的设计团队也将会被要求在设计中考虑光伏。

让我们看看从过去的案例中能够得到哪些启示。城市复兴和开发过程中,能成功地安装并运行光伏系统的项目,主要有以下几点特征:

- 高昂的热情。我们必须要对可再生能源具有热情,否则,实现减排将只是空谈。而由此产生的责任如果由信息流通性不畅的设计团队来承担,必然将会产生糟糕的设计方案。而如果没有人支持使用光伏系统,那光伏系统就很有可能被抛弃或整合度不高。
- 一定的技术知识。系统设计者和团队的其

他成员都需要这方面的知识。

- 项目团队能融入工作计划中。安装光伏系统不仅会影响光伏安装人员,同样也会影响团队的其他成员,所以团队需要尽早意识到这一点。
- 时间。可再生能源项目的实施必须严格按照时间规划进行,否则工程将会延期,而成本也将增加。而如果在项目后期才将光伏系统纳入考虑,系统就可能要做出诸多让步。
- 输电链路。光伏系统与当地电网进行连接将是必要的。应该尽可能早地告知当地公共事业部门采用嵌入式发电的可能。
- 融资。现有预算能否满足光伏系统的成本?如果不能,那能否筹集到外部资金或采用新的融资方式?

项目团队成员之间的良好交流也是十分重要的。即使是在最理想的情况下,建筑师和工程师也可能各执一词。而如果有团队成员是第一次接触光伏技术,那么存在的问题可能更严重。所以,团队成员应该在项目的早期阶段探讨他们各自对光伏的期望值以及所需的相应信息。

热情参与并倡导可再生能源

可再生能源项目一度少而分散,已经实施的案例大多靠的是有热情和文化素养的个人客户、建筑师或工程师的支持。设计团队中的部分人并不缺乏相关知识和参与热情。困难在于如何筹措资金,适应时间表(通常因为要等待赞助商的结果而变得十分复杂)以及让其他队员跟上进度。

当下,开发商在开发项目中启用可再生能源可能是出于其他各方的强制要求。因此设计团队可能缺乏参与热情和相关知识。然而,现在有利的消息是,如果从开始就要求开发商启用可再生能源,制定时间表就会比

较简单，就实施可再生能源计划而言，也将减少对竞争程序的依赖。如今的挑战正由寻求资金转向如何普及相关知识及激发人们的热情。

幸运的是，经验表明，知识和热情通常是同时到来的。许多案例都表明，一旦开发者承诺在开发项目中引入光伏系统，他们和建筑师往往会惊讶地发现：设计、安装光伏系统竟会如此容易。关键是要在正确的时间发现问题，并且为他们提供获得所需信息的途径。

在项目最初阶段，需要有人带头在方案中引入可持续发展、可再生能源和光伏，并且还要向其他相关人员宣传项目。在某些案例中，这一角色由能在该阶段提供大量技术信息的专家承担。而在另一些案例中，带头人则会委托有经验的光伏咨询师和设计师为其提供建议。

在新开发项目中倡导可再生能源或光伏的角色有重要的作用。如果无人支持项目开发，其他人就会认为项目具有未知风险而置之不理。所以，倡导者最好应直接参与开发，并了解各领域的最新进展，才能有足够的影响力使光伏留在议事日程上。如果倡导者不能参与整个过程，则其很可能不能及早察觉

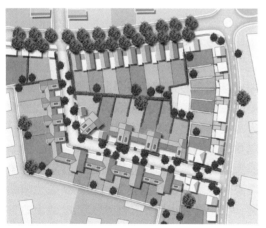

弗以伊高地地区独立式住宅不同朝向的光伏系统
资料来源：© Hespul

会对光伏系统造成影响的问题，如设计方案上的调整，那么最后问题就将无法弥补。

尽管负责太阳能系统具体设计的工程师基本都经验丰富，但他们扮演的很可能也不是项目倡导者或者为设计团队其他成员提供专业建议的角色。当设计工程师是项目主要机电系统的二级承包商时，他们就很有可能到开发过程的后期才被任命。所以他们的影响力也很可能十分有限，甚至与开发团队的其他成员联系甚少。

可再生能源的领导者可能来自多个领域。一些案例中，早期的领导者也会直接来自市政当局。例如，在英国克里斯（Kirklees），便是由当地环境部门将开发商和光伏专家集中在一起，共同开发光伏项目。市政当局的确拥有相关知识和对技术的信心，并能联络提供初始信息的相关人员。当开发商开始他们的第一个光伏项目时，明白这一点十分重要。

领导者也可以是建筑所有者，例如在科隆－瓦恩区（Cologne-Wahn）的案例中，土地拥有者为实现太阳能房地产项目，率先组织了一项竞赛来征集方案。

在其他案例中，项目的领导者则是建筑师。例如，德国弗莱堡的施赖尔堡"太阳能小镇"（the Solarsiedlung am Schlierberg）项目中，领导者就是建筑师罗尔夫·迪施，他希望证明自己的能源盈余屋（Energy-Surplus-House®）适用于联排住宅和商业建筑。

技术知识

负责具体的太阳能系统设计的工程师可能需要有相关经验。他们需要了解有哪些系统可以利用，以及如何设计和安装它们。

不过，项目组的其他成员也应明白太阳能系统对他们所负责领域的影响。太阳能系统会影响建筑的布局和位置（而进一步影响道路布局）、屋顶形状和结构、烟囱和配电系

统通风管的定位等。需要有专门的人负责安排电力输出，而负责建筑销售的人员，则必须能向潜在的业主介绍系统。

然而不幸的是，现在大多数的工程小组和开发者对光伏技术知之甚少。团队其他成员相关知识的缺乏可以使他们感知到潜在的风险，由于这种不确定性，他们会害怕项目延误和额外费用的产生。通过提供有明确计划的培训和建议，以及对已完成项目的参观，可使其他团队成员了解相关知识，这是在小问题变成大问题之前，能想到的最好的办法。诚然，传授知识和经验的方法有很多，但其还必须能适应相关国家的发展进程。

里昂汇流区（Lyon-Confluence）项目便是上述典型的成功案例，他们选择开发团队的指导方针要求团队拥有专门的节能和可再生能源系统工程办公室。然而，却没有一个团队有关于光伏真正意义上的经验。为了弥补这一不足，他们成立了一个由当地专家组成的团队，这一团队从初步设计到光伏发电系统试运营各个阶段，全程协助了工程办公室和开发商的工作。该团队还组织了实地考察和培训课程，且正在帮助开发商处理多资金来源的融资方案。

里昂汇流区项目吸取了里昂地区以往的一些小项目的经验，如弗以伊高地（Hauts de Feuilly）的房屋发展计划，这些项目都是在后期开发商已确定、场地布局已固定的情况下才引进光伏的。尽管项目中大部分光伏发电板安装在朝向较好的建筑上，然而，毕竟各房屋朝向不同，并不是所有的朝向都最理想的。系统与电网的连接考虑得也比较晚，新增的连接点还增加了公用事业公司的成本。

有效传递信息的另一个案例是荷兰的"太阳城"项目。这里的新城区由不同的建筑师、开发商和建筑商建成的光伏房屋组成。详细的城市设计方案和建筑外形一公布，由建筑

师和光伏制造商组成的光伏工作室就形成了，他们做出了设计草图并出版了一本书。四年后，由于最初设计出现问题，工作室再次集结。从技术角度来看，设计和实现这个雄心勃勃的项目是没有问题的。主要的问题出现在资金上，且项目的时间表和资金到位所需时间之间存在很大差异。

随着越来越多的光伏发电项目成功实施，光伏定将成为建筑师和工程师标准工作程序的一部分。他们对光伏专家提供的培训和信息的需求也将降低。此外，客户和项目团队其他成员的不确定性也可能降低，这些都将进一步降低成本。

工作计划里的必要内容

由于需要考虑许多问题，城市开发过程事实上变得极为复杂。参与到项目开发中的每个人都可能会非常忙碌，并且可能会在一个看似与光伏无关的固定领域内工作。在区域的整体开发进程中，光伏也只是很小的一部分，并不能指望所有人都将它放在重要的地位。然而，以下几点仍需要明确列入其中一些人的工作计划中，并且要确保出现问题时能够获得专家的建议及支持：

● 适于利用太阳能的场地布局；
● 考虑太阳方位和阴影，做出适合光伏系统的建筑设计；
● 尽量减少电缆线路，提供易于安装逆变器的位置；
● 对光伏系统的任何修改计划均需协商；
● 考虑屋顶结构和光伏带来的附加荷载和风荷载；
● 光伏系统的设计和安装（可能是由专业承包商完成）；
● 防雷措施；
● 脚手架，安装之前注意相关设备的保存和

防盗；

- 场地电网布局，包括与电网分销商进行协调（这可能需要在指定安装人员之前开始）；
- 建筑内电路设计，需要光伏安装人员和电器承包商进行协调；
- 电力输出问题需要协商且电价需要双方接受，这不应该等到建筑销售之后留给私人业主来处理；
- 太阳能知识培训和太阳能意识的提升；
- 考虑建筑交付之后光伏的维护和保养计划；
- 资金。

时间

尽可能早地在开发场地考虑应用太阳能技术，才最有希望实现阳光入射的最优化以及光伏和其他要素的协同，包括阴影遮挡、日照、环境形象等。

在光伏项目与整体开发时间相协调的过程中存在的困难将导致许多问题。如果在项目后期才将光伏列入时间表，则设计方案往往无法达到最佳。如果需要外部资金，融资的时间和款项到位的声明时间如何匹配的问题，会在另一层面上增加项目的复杂性。为此，甚至有可能需要两个版本的设计方案，而其中是否有安装光伏的方案则取决于资金的情况。开发过程中有很多困难需要克服，光伏只是全局中很小的一部分。等待光伏资金的过程将延缓计划的进展，但一些投资组织似乎并不知道这个事实。

并入电网

光伏发电系统只是建筑内供电系统的一部分，因此，它也是与当地电网相连的。技术上讲，光伏并网其实很简单，只要当地电网能在不超过电压限制的情况下，吸纳这一部分多余的电量即可。然而，并网需要得到当地电网分销商的许可。此外，除非多余电量是无偿输入电网，否则通常还需要签订价格合理的售电合同。如果过迟和电网分销商达成一致，则很可能会耽误时间并引起成本增加。

在电网设计阶段应考虑大型光伏发电系统或者大型光伏系统组的要求，以便确定合适的电网规模，同时避免建筑完工后额外的基础设施建设。还应该注意中压／低压(MV／LV)变压器的位置和输电变压器的大小问题，以保证每个光伏系统都能连接到稳定的低压电网。而独立系统或系统组群可以直接与现有电网进行连接，不需要进行调整。

出于对合同的考虑，光伏系统并网可能需要专用连接点。例如，在法国，为了从光伏发电中盈利，公共部门特地增设了一个专用连接点。目前每栋带有光伏的房子可能都需要两个专用连接点，而不仅是一个普通的连接点。然而不幸的是，根据当前的行政程序，分销商在考虑使用光伏发电之前，就需提供发电装置的详细信息。但在基础设施设计阶段，不太可能有关于发电装置的详细信息，所以这是一个潜在的问题。

在法国弗以伊高地，就有19栋光伏房屋需要专业的电网连接点。但直到建筑完工，电网分销商才正式得知此事。虽然专业连接点最终顺利安装完成，但仍延误了所有光伏系统的运行。在这个案例中，由于每个光伏系统的功率都低于一定水平，于是所有的额外成本都由电网分销商承担，而不是由居民承担。

在之后里昂汇流区的项目中，一些建筑要安装光伏系统，设计师认识到这个潜在的问题，于是在电网的设计阶段，组织了与电网分销商的技术会议，来讨论可能的解决方法。会议的目标是确定待建配电网合适的规模，并且避免建筑建成后额外的基础设施建设。

将私人建筑的所有者视为能源生产者，

并附加一系列相关的法规，是近年才出现的现象。但现在还没有适当的行政程序来管理这些小型能源生产者。在标准的电力输出程序中，输出方需填写复杂而费时的表格。如果这些表格在房屋投入使用之后由私人业主来填写，整个项目则可能会出现问题和延期。

法国弗以伊高地住房开发工程的经历给了我们一些启示，选择安装光伏系统的开发商应给予未来的居住者一定协助，直到光伏系统投入使用。具体来说就是：开发商要确保房屋所有者与电网分销商签订关于光伏系统并网的合同，以及特定政策下的电力购买合同。

融资

毫无疑问，光伏是昂贵的，虽然目前大多数城市规模的光伏项目已经获得了一定的资金补贴，但获得补贴正变得越来越难。在一些国家，补贴已经由更高价格的馈网电价代替。这一部分固定收入使得人们能通过贷款的方式融资。

资金来源包括欧盟委员会（European Commission）（欧盟倾向资助大型项目，而不是私人建筑）、国家或地区的可再生能源项目（小项目比较容易获得他们资助）以及当地市政和公共事业部门。一部分城市甚至建立了自己的可再生能源基金，例如克里斯市 2000 年决定设立的"克里斯议会可再生能源投资基金"（Kirklees Council Renewable Energy Capital Fund），就为该地区获得了一定数量的项目，这也带动了当地光伏供应商和安装公司的发展。

一些案例通过出售股份进行融资。若在需为光伏发电支付更高费用的国家，这种方法的可行性就更高了。在奥地利的格莱斯多夫，安装在 Feistritzwerke-Steweag 公用事业公司办公室屋顶上的商业光伏发电站是奥地利第一个通过股份制实现的光伏电站，这一股份制同时还让一批环保人士能拥有光伏设备的部分股权。在德国弗莱堡，开发施赖尔堡太阳能小镇的生态住宅时遇到了资金困难。为此他们建立了名为"1. Solar Fond Freiburg"的基金，为每位受邀的人士准备了每份 5000 欧元的股份认证证书。大部分股东是有意在可持续化方面进行长期投资的个人。项目总投资额达 150 亿欧元，而之后的三个项目投资都达到了 300 亿欧元。总的来看，四个太阳能基金总共拥有 15 个出租房项目。而他们的光伏屋顶集成系统分开上市销售：由房屋所有者或其他投资者购买。这些投资将由德国《国家可再生能源法案》（National Renewable Energy Act）中的 20 年馈网电价制度予以补贴。

如果项目得不到补贴，开发商和建筑商将承担全部成本，而最终转嫁到建筑购买者身上。因为如果规定某区域内所有新建筑都必须安装可再生能源，那么希望在这里拥有一套房产的人们将别无选择，而只能承担其成本。而反之，建筑就会由于其可持续设计而价格高昂。这种情况是否可行就完全取决于当地的房地产市场和买家的偏好了。

在一些地区，例如英国伦敦（London）的克里登，有证据表明，拥有光伏系统的房地产项目产值更高。一些必须安装可再生能源的开发商发现，光伏是成本效益最高的解决方案，因为太阳能热水系统的热水箱所占的空间比光伏系统大得多。

系统的长期操作

光伏发电系统应具有使用寿命长的优点，并能保持或接近初始发电效率工作至少 20 年。因为光伏系统需要几年时间才能产出与其施工过程耗能等量的电能，所以其使用寿命和发电量最大化十分重要。只有实现这一点，光伏系统才能在气候变化和石油枯竭的背景下产生积极影响。

不过，经验表明，大多数光伏系统还是能够稳定发电很多年的，但是，施工粗糙、维护不善和前瞻性思考缺乏都可能会在长远意义上降低其性能。

光伏系统运行无噪声，并且没有机械动作。这些优点使得光伏十分适合安装在城市环境中而毫不显眼，并且可靠性很高。不幸的是，这也意味着不能立即准确地判断其是否达到性能指标。已并网的系统如果跳闸，业主还可以从电网中获得电能。但如果设计方案无法让使用者轻松地检查系统工作状态，就将导致小问题的反复出现，最终可能导致发电量的大幅减少。

那些在自己房屋上负责运行光伏系统，并且有兴趣和技术头脑的人通常报告说，他们只用花少量的时间和精力来管理系统。然而，这并不意味着，在那些门外汉和毫无兴趣的人管理下，光伏系统可以平稳运行 20 年。

欧洲各地的经验表明，如果市区建筑上安装有大量的小型光伏系统，并且由普通建筑业主在没有专业指导的情况下自己管理，就会存在一定风险——即系统的不良运行状况可能会被忽视。业主本身不会特别积极地去监测系统，如果他们也不能很方便地联系、咨询专业人士，那么，小规模的光伏系统反而会成为风险最大的项目。

上述情况与个人决定购买和安装光伏系统的情况形成了鲜明的对比。在后一种情况下，我们还可以期望业主对光伏系统、预期的发电量、享有的保证、出现问题后与供应商的联系方式等有一定了解。尽管如此，如果房子被转卖，几年之后仍可能会出现问题。

推动新开发区安装光伏的常规机制可能根本不会让人去想长远的问题。如果用建造房屋的模式来安装光伏系统，那最终的用户和系统供应商之间就没有任何直接联系了。因此，业主很可能对房屋的节能性能缺乏认识和兴趣。此外，当问题出现时，如果社区内的人缺乏有关光伏的基本常识，就需要可靠和有效的维护和支援机制。当具备这些条件时，例如，项目由良好的住房协会主导、人事部门能提供相关信息及咨询服务、并在需要维修时与供应商联系，系统就可以运行得非常好。反之，就可能出现问题。

通过为光伏发电提供高额的馈网电价是推广安装光伏系统的另一种方法。它可以鼓励个人安装属于他们自己的光伏系统。这种方法通过保证业主和安装人员之间的直接联系，来确保人们维护系统的积极性，避免了很多类似问题的出现。然而，这也意味着，光伏发电系统最终会与各类发电系统混合分布在大片区域内，这也将会为维护工作带来新的挑战。

下面的部分就如何确保城市光伏系统的设计、运行、移交、维护及操作流程尽可能有序等问题提供了最好的实践经验指导。指导方针重点关注了在大量房屋上安装光伏系统的潜在问题，以及安装了光伏建筑却与可再生能源或发电没有特别联系的地区。

优秀的设计和制定前瞻性规划的重要性

这部分将着眼于在项目规划和设计阶段就应考虑的问题，因为它们将产生长远的影响。细致的前瞻性思考应该考虑到相关人员的兴趣和专长，这些可以从建筑的业主、所有者、建筑及光伏的维护安排上合理推测。

思考一个优秀的设计会如何增强一个区域或建筑在可持续发展方面的自豪感，也是有利的。对于上述情况，光伏系统的可见度将会有重要作用。例如，在达赫莱泽（法国第一个使用可再生能源的地区），太阳能光伏被视为可再生能源项目的标志，这种城市再生可视性元素产生的社会影响是非常有价值的。

我们还应考虑所安装光伏系统的规模大小问题。大型项目往往由专业技术人员操作，因而很少存在问题，然而，在很多地区，我们设想的情况却是在每栋房屋上单独安装一套光伏系统。欧洲虽有在大批房屋顶安装光伏系统的经验，但这些房屋的电力系统相对独立，且通常都只设有一个集中式的逆变器室，系统维护也主要靠远程监控。系统可以归各种组织所拥有，如公用事业公司，住房协会，或能源服务公司（EsCos）。业主可以就屋顶的使用收取租金，或者在能源价格或房租上获取实惠。维护几个大型光伏系统要比维护许多个小型光伏系统简单得多，也更具经济效益。因为仅仅是拿到检查房屋的20项授权都是十分耗时耗财的工作。

本书的案例研究提供了各种规模的光伏系统及系统所有权归属的例子，并强调了每种方法的优点和不足。美国的"首府花园"（Premier Gardens），澳大利亚的悉尼奥运村（the Sydney Olympic Village in Australia），法国的弗以伊高地和日本城西镇（Jyosai Town）的新住宅开发项目中，住房都是私有，且每栋均拥有其单独的小型光伏系统。而其他的研究则呈现了由住房协会或合作商持有系统所有权的住房开发案例，如英国克里斯，意大利的亚利山德里亚"光伏村"（Alessandria's Photovoltaic Village）和法国的达赫莱泽。

若房屋的所有权归住房协会，同时使用者为社会住房的租户，那么其后期运营很可能会非常成功，但这种方式需要开发者有细致的考虑和长远的目光。以往成功的项目经验有：居民区人口数量稳定，租户代表积极参与，有住房协会的相关人员处理后续工作或有附加的系统维护服务，租户了解光伏系

统的有关信息等。住房协会可以尝试密切关注光伏系统的运行情况，在出现问题时担当中心联络人的角色，并负责组织维护和维修工作。不过话说到这，也没有比住房协会更适合担当此角色的机构了。

在荷兰纽斯罗登（Nieuw Sloten）的光伏项目中，光伏系统由 Nuon 公司所拥有，该公司于 1996 年在大约 70 栋房屋和公寓的屋顶上安装了光伏板。户主持有房屋的全部所有权，但光伏系统却不归他们所有。系统所发电力虽仅用于临近地区，但也并不直接和光伏房屋相连。这些屋顶上每一个250kWp的发电单元的操作，都由公用事业公司负责。这种做法是为了尽量减少逆变器的使用、系统安装和维护的成本，且整个过程都有在线监控。Nuon 公司后将维护工作承包给某专业组织，系统才得以实现无故障运行。

在市政建筑上安装光伏系统的案例有西班牙巴塞罗那（Barcelona）和瑞典马尔默（Malmö）的项目。在奥地利格莱斯多夫市，安装光伏系统是市政规划的一部分。该市安装在公用事业公司屋顶上的光伏电站已开始稳定运行，且很少出现问题。该系统的维护工作由公用事业公司的员工完成。他们每月会对所有功能控制元件进行一次检查，每年则对所有光伏元件进行一次整体清理，且在冬季还要确保光伏元件表面无积雪覆盖。他们原计划每年发电量在 9000kWh 左右，但现已超过了 9500kWh。

由诸如公共事业机构这类组织负责运行单个光伏系统的项目，常常会有不同的结果。最近 REMU（现为 ENECO）公司在荷兰纽因兰的项目经验向我们发出了警告，即在城市环境中，要确保长期成功运行多个小型光伏发电系统，就需有长期的投入。这个示范性项目开始于 10 年前，项目初衷是探索在城市环境中光伏建筑一体化可能产生的各种结

果。因此项目中将各种屋顶集成技术与逆变器系统混合使用。项目早期曾出现过屋顶漏水和逆变器故障等问题，且在后期，人们发现维护如此多采用混合系统形式和集成方法的分散式光伏系统，要比预想的困难得多。在 2003 年至 2007 年间，系统维护一直保持在最低水平，发电量也在不断下降。

在诸如学校、护理院、卫生保健设施、图书馆、公共事业部门等建筑上也可以安装相对较大的系统。不管安装怎样的光伏系统，重要的是要确保有人负责安装光伏系统，特别是如果屋内的人都做着与发电毫不相关的工作时。有一个真实的例子，即某家护理院的显示屏显示逆变器出现了故障，但其实问题已经出现了一段时间，只是没有人发现而已。尽管操作手册是齐全的，但系统安装完成后，由于人事出现变动，现场并没有维护人员，依然造成了无人对系统监控负责的后果。在这种情况下，远程监控系统是有利的。

设计中还应考虑维护的途径。个别设备的维护和修理可能是个难题；在公寓建筑中，将逆变器安装在公共区域是解决困难的可行方法。

系统的性能应该是可检验的

在设计阶段，设计师就需要考虑怎样检测系统的性能。通常检测分两种层次，一种是检查系统是否正常运行，另一种是检测系统是否按设计发电量进行发电。

为了检查系统是否正常运行，需要有简单的可视化途径。监控系统还需在负责人目所能及之处，而不是在高高的阁楼上。

检查系统的发电量既可以在现场进行，也可遥控操作。一些复杂的可视化系统，能提供发电量的数据，而另一些监控系统则可能只有一个工作指示灯和故障指示灯在现场，而更全面的数据收集和系统展示，则需要在

其他地方通过远程监视系统得到。

由于光伏系统的类型和负责人不同，对应的维护策略也不一样。可视系统也需要通过能让操作人员理解的方式来呈现信息。如果这一可视化系统能够向业主提供用电情况和光伏发电量反馈，甚至还可以进一步地节能。如果在终端显示的信息不够明确，就可能无法解决出现的问题，也就无法号召人们加入节能行列。

对发电量进行不定期检查也是十分重要的。发电量数据会表明系统是否按预想运行，然而，只有当手握系统的常规发电量数据时，这种方法才有效。业主也应了解系统的年预计发电量数据，如果发电量低于预期，他们应该知道该联系谁。

发电量低于预期可能是由于天气不好或者是其他故障导致的，有时候这些问题十分明显，而在某些情况下，导致发电量减少的是一些间歇性故障，这些故障可能不那么容易被发现。在某些特定的时间，如冬天的早晨，植物的生长可能会导致能量输出减少。另外，如果地方电网高压过高，也可能会偶尔导致逆变器超过其电压上限而停止工作。如果系统几分之后能自动重启，并且这种问题出现次数很少，那问题还不会很突出。然而，如果问题经常发生，就可能大幅度降低发电量，这时就有必要进行一定的调整。逆变器内部的故障也可能导致输出电量减少，例如，如果逆变器内的最大功率跟踪器不能正常工作，输出电量就将减少，但如果没有对监测数据的分析，就很难发现这种问题。所以只要善用监测数据，诊断这些问题并不困难。更何况如今存储大量系统运行数据也是很简单的事情。这些运行数据可以由系统控制存储，而操作人员则可以在现场通过计算机查询，或通过互联网进行访问。于是，现在通过互联网，我们很容易就能进行远程监控和

诊断服务。如果光伏系统出现故障，通过利用先进的信息技术和卫星测得的太阳辐射数据，维护公司很快就能了解情况 (Pearsall et al, 2006)。

在某些情况下，系统的运行状况很有可能一直无人问津，特别是在没有人自愿为系统负责时。在最近对荷兰纽因兰光伏住宅的调查中发现，一些业主甚至不知道他们的房子已安装光伏系统，大多数人也不知道光伏系统发电量有多少。另一些报告称他们的远程监控系统不能正常工作，并且操作人员也不确定这是否意味着光伏系统也不能正常工作。然而，他们也不知道当地公用事业公司里有谁能提供帮助，他们有的只是通用服务台的电话号码，但拨打该电话并不能解决光伏相关的问题。

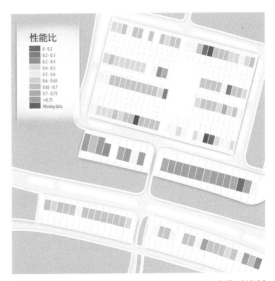

荷兰纽因兰项目监控系统的监控结果显示部分光伏系统断开。业主们不能确定是监控系统还是光伏系统出了故障
资料来源：© Ecofys and University of Utrecht

系统交接

完工的光伏系统应该移交给最终业主，移交时系统应运转正常，并已完成授权和并网工作。

移交前，一定要检查是否有正确的操作和管理流程，主要包括：

- 光伏系统的输出——理想状态下应与预期输出进行对比，虽然这需要对辐射度方面的知识有一定了解。也能采用如对比不同光伏发电组输出量的方法。某国际标准中也已给出适当的监控方法 (IEC, 1998)。
- 电网连接——确保各方就输出价格达成一致，且必要时签订相关合同。
- 确保电网调试和入网连接的申请工作同时进行。
- 监控可视化——检查光伏系统正常运行，并确保运营者知情。
- 监控系统——检查监控系统正常运行。
- 可能需要对检查系统运行的责任进行准确地分配。

- 安排保险。

还需提供明确的操作和维护说明，主要包括：

- 固定格式的操作和维护手册；
- 预期功率和发电量的信息；
- 能够解决各种疑问并组织维修的联系点。

一些新的房地产开发商一直热衷于通过在项目中引入光伏系统来提高他们的环保形象，但对向业主解释光伏系统和完成电网连接所需的文书工作，并没有做好足够的心理准备。在搬进新房子之前，新的业主可能没有光伏系统方面的知识，在光伏系统运行之前也没有特别的兴趣。开发商或其代表需要确认操作程序的正确性，以及完成系统授权。此外，所有的文书工作也需要有人完成，这可能是非常复杂的，并且不应该在住户搬进来时，让他们去完成。

维护和操作

虽然光伏系统可为发展低碳城市环境提供大量帮助，然而若匆忙使用可再生能源技术，很容易忽略长期维护及建立支援网络等基本问题。若将这些复杂的小型光伏系统交由房主操作，而不为他们提供技术支持，那么对因房屋自带光伏系统而非自愿选择安装的房主而言，维护工作将是极大的麻烦。

为了保证光伏系统得到适当的维护，需要有人对其负责，并且持续关注系统的运行状况。这个人需要对光伏有足够的了解，能够发现任何可能存在的问题。如果真的出现问题，他还需知道向谁寻求帮助。

在某些情况下，光伏系统安装后，维护和检查操作就被留给建筑所有者自行组织了。这并不总会成功。虽然光伏系统维护成本低，易于操作，但没有什么是完美的，或是不需要任何辅助就能永远运行的。光伏和其他安装在建筑上的技术的不同之处在于，光伏系统在运行时难以被察觉，所以如果它们停止运行，也是难以察觉的。

良好的沟通和信息支持是启动光伏项目十分重要的组成部分。大多数人对光伏知之甚少，所以为他们提供信息十分重要。有时还需建立专门的技术联系点来解决问题。这些问题都应在光伏项目中加以计划。

理想的解决方案是通过符合商业原则的途径提供维护和支持服务。还有一种办法能确保光伏系统能长期运行良好，即成立能源服务公司。许多地方还没有尝试过这种办法，因此可用的数据也是十分有限的，但它仍被视为在某些情况下可行的办法，如在巴塞罗那市政大楼这一案例中（详见案例研究）。公司有商业诱因使发电量最大化，也有责任保管好系统相关信息。因此检查系统性能和组织维护也是公司的份内之事。

另一个选择是签订维护协议。然而，这样的服务需要付出一定的经济成本，不过也不会超过系统年收入的一小部分。并且，现在馈网电价政策也改善了这种经济状况。除此以外，维护公司也需尽量建立在项目附近，不然在路上花费的时间就会过多。另一个有趣的选择是回租计划。这种方式在美国已经存在，户主可以将光伏系统外租，并由租赁公司提供维护和支持。

对于大型光伏发电项目而言，重要的是要向前看，考虑实用的、价格合理的维护计划。维护计划的制订应考虑以下几点：

- 是安装集中监控，还是交由私人业主来密切关注光伏系统的运行情况？若如此，我们是否有理由相信业主的能力？例如，若住户频繁更换，就不应寄希望于他们能做到。
- 哪些人将会负责关注光伏系统？他们是否了解可视化系统是如何工作的？他们是否知道预计发电量是多少以及如何核实？
- 出现问题时，负责人是否知道应该联系谁？如果应答的人不能解答这些问题，提供标准通用服务台的电话号码是毫无用处的。
- 出现人事变动或房屋出售时，如何保证房屋信息的传递。

参考文献

International Electrotechnical Commission (1998) 'IEC 61724, Photovoltaic system performance monitoring – Guidelines for measurement, data exchange and analysis', Edition 1.0 1998-04, IEC, Geneva

Pearsall, N. M., Scholz, H., Zdanowicz, T., Reise, C. (2006) 'PV system assessment in PERFORMANCE – Towards maximum system output', Proceedings of 21st European Photovoltaic Solar Energy Conference Exhibition, Dresden, Germany, 4–8 September, pp2574–2579

第2章　已建成的城市规模光伏发电系统案例研究

澳大利亚，纽因顿，悉尼奥运村 [1]

马克·斯诺和德奥·普拉萨德

摘要

奥林匹克运动会曾经被认为是现代人类文明发达的一种体现，但是另一方面现代奥运会所呈现出来的是物质和能源的巨大消耗。为了能让本届奥运会"绿色奥运"的主题给世人留下深刻的印象，作为东道主的悉尼深感责任重大。1993 年悉尼成功获得奥运会的举办权很大程度上取决于它向全世界人民做出的将呈现第一届"绿色奥运"的承诺以及将对保护环境的责任感作为奥运会发展中的一项重要原则。光伏技术作为"绿色奥运"的重要元素，在 2000 年悉尼奥运会的奥运场馆建设中得到了广泛的应用，其中包括太阳能奥运村（623kWp）、光伏塔大道（124kWp）和"超级穹顶"(Superdome)（70kWp)等处，本章节将对这些作重点讨论。

简介

纽因顿（Newington）位于悉尼市中心的边缘，占地 90 公顷，这里的建筑层数不高，该片区域距离悉尼市中心以西 15 公里，奥运村也建在这里。这片建设用地最开始是沼泽、湿地和草场，之后作为工业用地进行开发，建有盐场、面粉厂和布料加工厂。随后政府又设立了避难所、医院，海军建军火库。

新南威尔士(The New South Wales (NSW))奥林匹克协调管理局要求建设中体现可持续性以兑现"绿色奥运"的承诺。太阳能奥运村就是其中的一部分，他们希望通过这次奥运会能够在某种程度上改变人们对太阳能发电的看法，向奥运会的观看者和海外游客证明可再生能源技术在为整个城市发展提供电能的过程中展现出来的巨大的商业价值。

1　本节内容依据作者已发表的文献改编，分别是发表于 ISES 国际能源社会《聚焦可再生能源》杂志，2000 年 9/10 月刊，题为"2000 年悉尼奥运会：太阳能的展示"的文章，以及发表于《可再生能源世界》杂志，2000 年 8 月期题为"最闪耀的方面——悉尼奥运会中的太阳能"的文章。

以奥运场馆为背景的典型屋顶光伏发电系统
资料来源：© Mirvac LendLease

太阳能奥运村

工程概况

悉尼太阳能奥运村是世界上最大的太阳能村之一，这也是本届奥运会着力展现的亮点之一，同时也是可持续发展城区的一部分，展现了用创新的方式利用可再生能源、实现可持续发展的可能，它有以下几个特点：

● 为 15300 名的运动员和奥运官员以及未来纽因顿的居民提供住房（2000 套住宅可以为 5000 人提供住宿）。

● 严格执行建筑节能标准和能源需求。

● 在工业废弃地上建立环境友好型社区。

● 将各种可再生能源进行集成，为今后可再生能源更广泛地应用提供样板。

● 光伏建筑一体化在视觉上满足人们审美需求的同时又没有影响屋顶太阳能发电系统

的技术性能。

● 在实现绿色节能、环保的过程中兼顾成本效益。

可持续建筑设计的背景

新的建筑节能要求，被动式和主动式的设计原则都是根据奥运村量身制定，使之便于实施和操作，住宅利用的节能设计策略是扩大被动式和主动式太阳能的利用，最大化利用自然通风，相关辅助措施还包括使用燃气的太阳能热水系统，燃气供暖和燃气灶，节能照具和电器，设计人员利用国家住房能效评级体系 (The National Housing Energy Rating Scheme) 模拟软件来计算住宅能耗，优化节能设计。奥运村住宅设计在国家住房能效评级体系评价中获得四星级的高标准。与悉尼普通新建住宅相比，其温室气体排放量减少二分之一。

项目中同样非常注重环境友好的建造方式，以及节材措施，如使用电缆材料以减少 PVC 建材的使用。采用低过敏涂料，屋面保温材料运用羊毛代替玻璃纤维，同时还使用了木质地板和陶瓷地板，纤维水泥制品，90% 的雨水管来源是可再循环材料和建造中的废弃物。

项目中采用的节水措施包括厕所中水再利用、节水水箱、节水水龙头等，使其相比普通住宅节水 50% 以上，整个项目中大大减少了不可再生资源的使用，经核算平均每年减少了 2000 吨 CO_2 的排放。

建造光伏建筑一体化设计的流程

与建筑设计相关问题包括：

● 如何在创造"低技术性"的街区景观的同时融入光伏技术。不同地区光伏的安装要根据住宅方位、设计概念和城市建设蓝图

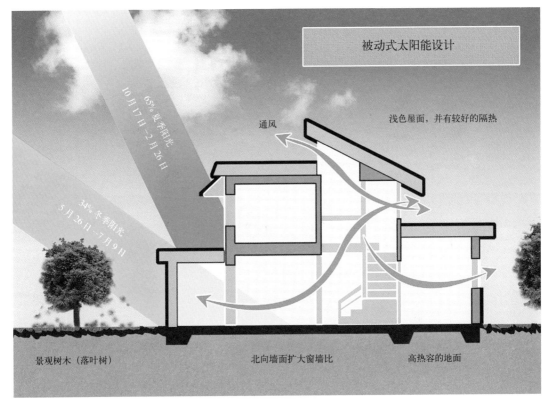

被动式太阳能建筑模型

资料来源：© Mirvac LendLease

进行调整。

- 如何使不同建筑师的设计与光伏建筑一体化设计的不同建筑风格相匹配。
- 如何规划场地并设计屋顶以使大部分的屋顶朝向在北偏西20°到北偏东30°之间。
- 如何制定80%屋面倾斜25°的规定从而优化光伏输出功率。
- 如何根据光伏电池板布置太阳能热水单元。
- 对于朝向不佳并且没有进行光伏一体化设计的建筑如何控制其外观。
- 亨利·波利亚克建筑事务所对8位受委托建筑师的设计加以整合，以确保在城市几何规划形态的约束下光伏建筑一体化设计能使主动式与被动式太阳能获得尽可能多的日照。

光伏发电系统设计

上述设计需要满足很多要求：系统年发电量达到1600kWh，符合澳大利亚对于建筑结构荷载、安全和健康及电力规范的要求，在缺乏规范的地区发展并检验最佳应用模式，通过简单实用的光伏发电系统加速光伏应用在建筑中的推广，同时降低光伏安装所带来的建造成本。

有时候光伏发电系统设计受限，是由于人们审美要求偏向于白色或浅色的材料，而非黑色或深色的光伏板材。这种审美要求导致了光伏发电效率的下降。黑色光伏材料有助于保证其得热及吸热的能力，因此不能因为审美要求而做出过多妥协，导致光伏发电系统可靠性下降。

纽因顿光伏社区街道景观

资料来源：© Mirvac LendLease Village Consortium

由于现有光伏建筑一体化设计方式安装简便且易于被建筑业所接受，于是为满足市场需求，他们在设计中没有采用国外更为先进高效的光伏设计方法与技术。通常，安装背板只需要半小时，安装 PV 线路也只需两个小时。据说，曾经两个熟练的工人在一天的时间内就安装了九个光伏屋顶。若由于工艺或材质缺陷，造成系统发电效率下降，太平洋电力公司（Pacific Power）还会提供第三方赔偿，10 年内可享受保修。无边框设计和复合材料的应用不仅能降低全生命周期能耗，也有利于在成本，热工性能和发电量三者之间取得良好平衡。

项目中其他重要光伏发电系统的特点

除了太阳能奥运村之外，其他许多光伏项目也陆续开展。在可容纳 11 万人的奥运主场馆和澳大利亚最大的室内馆"超级穹顶"前，巨大的光伏发电塔坐落在奥运主场馆上。

光伏塔大道

在长 1.5 千米，宽 60 米的奥林匹克大道上，排列着十九个光伏发电塔，每一个都代表着曾经主办过奥运会的城市，这些铁塔高三十米，在建造过程中用一个巨大的混凝土基座来稳定其钢架，塔臂支撑着 20 米长的水平光伏钢桁架篷，它白天吸收太阳能，提供夜间照明，同时也在白天起到遮阳功能。每一个塔支撑着 6.8kWp 的光伏阵列，每天能产生 23kWh 的电能，这相当于两栋建筑每天所需的用电量之和。所有的光伏模块均背对着体育场并朝正北方向，为灯管提供电能，灯管的光线经灯罩散射提供照明。

光伏发电板后面有一层使其更亮的蓝色荧光屏，它能够在夜晚产生极好的灯光效果。每个光伏发电塔集成电话亭、垃圾收集的服务，同时它还会在屏幕上显示这个功率为 124kWp 的系统当前发电量。这个光伏发电系统每年将产生约 16 万 kWh 的电量以满足公共街区的照明要求，这个项目在

光伏发电塔大道

资料来源：© Energy Australia

1999 年 9 月获得了奥林匹克协调管理局颁发的"优秀工程奖"，光伏发电塔和太阳能村所用到的光伏发电板，是由新南威尔士大学（University of New South Wales）所发明的，这项技术后来由 BP 太阳能公司将其进行商业运作。

超级穹顶（Superdome）

澳大利亚能源公司（Energy Australia）还直接参与了另外两个重大项目的安装工作，其中包括宴会厅顶部的光伏穹顶，澳大利亚能源公司在这个穹顶上面安装了 70.5kWp 的太阳能光伏发电系统，这是目前澳大利亚安装在钢架上并与屋顶相结合的最大光伏发电系统。然而不幸的是，为了满足 30 年的使用年限要求，该发电系统没有实现真正一体化

设计，他们不得不采用传统的结构材料与形式，这无形中增加了建筑的自身重量及整体造价。

霍姆布什湾（Homebush Bay）商业公园自助餐厅

澳大利亚能源公司参与的另一个光伏建筑一体化项目是霍姆布什湾商业公园自助餐厅，它于 1997 年 1 月建成并投入使用，功率达到 11.2kWp，整个光伏发电系统成本为 7.64 欧元／Wp(15 澳元／Wp)。此外光伏发电工程还有：悉尼国际帆船中心的电池装配工程，该工程可将其产生的电能并入当地的电网，同时为加热生活用水和设备提供能源，相当于每年减少了 0.6 吨的温室气体排放量。

悉尼"超级穹顶"和光伏发电塔大道的鸟瞰图
资料来源：© Energy Australia

对问题、障碍、解决方案与建议的总结

在屋顶安装光伏发电系统的经济有效策略

在澳大利亚，大多数建筑基本上都是呈阶梯式或半独立式排列的，可利用太阳能发电的屋顶相对较少，而将 12 个光伏发电层压板退台式布置，能够简单有效地解决这些问题。

澳大利亚炎热气候对光伏元件的影响

尽管悉尼日照条件总体来说比较不错，但在夏季的一些时候，气温相当高，这对屋顶光伏系统的发电比较不利。光伏面板的适宜工作环境温度为 25℃，而澳大利亚夏天平均温度远高于此。

少部分逆变器由于建筑设计和定位等因素安装在了房屋的外侧，它们容易受到阳光的暴晒而温度过高，经常出现停止工作的情况。这样的经验说明了遮阴处对于保证逆变器正常工作的重要性，它们应安置在建筑背光面或者遮阳棚下。

工作地点的组织

在建造过程中，太平洋电力公司委派一位全职人员做监理，建筑完工交付使用前在屋顶上完成光伏系统的安装。在与建筑施工队（美瓦克－联盛集团（Mirvac Lendlease））合作过程中，屋顶下电路系统安装完毕并且屋顶防水问题得到解决后，安装过程中使用过的脚手架就可以留给建筑施工队来完成屋顶光伏系统的后续安装。安装工程是由 BP 太阳能公司完成的，每个安装过程都需要三个工时（通常是两个）。不仅如此，他们还需要利用可重复使用的木质脚手架将光伏发电层压材料、逆变器，以及平衡系统（BoS）从工厂运到装配地点。

光伏发电系统安装后的信息反馈

尽管光伏建筑一体化项目的设计方案并不是很复杂，但市场对它们有着较高的热度，比较推崇它们。那些配有光伏发电系统的建筑都能够卖出较好的价格。在奥林匹克公园附近的太阳能光伏发电项目中光伏发电系统容量已达到 840kWp，光伏塔大道以及安装在大穹顶上的光伏面板系统等种种举措都是澳大利亚地区太阳能光伏建筑一体化很好的实践。在太阳能项目开展的过程纽因顿光伏城市项目的基础，关键因素依然是民居太阳能屋顶。悉尼奥运会之后，在纽因顿发展第二阶段的宏观形势下，Mirvac 公司已经委托额外的 79 个 1kWp 的更大规模的屋顶景观系统。

Mirvac 和 LendLease 财团负责协调分为三个阶段的房屋项目的发展。该计划有八名当地著名建筑师在严格的环境法规下进行的。联合的开发团队由 Mirvac 和 LendLease 两家公司组成，由总部位于细腻的太平洋能源发电公司所有，并帮助每个家庭经营和维护太阳能电力元件，委托 BP 太阳能公司提供光伏系统电网连接。

新南威尔士州政府可持续能源发展机构已扶持该可持续计划，并负责检验该财团作为客户移交给奥运协调机构的工作的质量情况。澳大利亚能源——当地的电力零售机构，已直接涉入电网连接问题和服务中，由新南威尔士大学协助，保障高等级的能源和质量安全标准。Mirvac 和 LendLease 财团负责协调光伏项目与建筑的连接，制作出包括物业零售的房屋建设者安装使用光伏设施所需的程序表。可持续能源发展机构还提供 255 欧元的优惠来吸引购买者，同时奥运统筹机构负责保证整个过程的合法性并符合合同条款，从而使项目顺利完成。

中，我们通过与建筑师，开发商以及光伏面板制造商不断地沟通和合作，积累了许多实践经验。与此同时，太阳能光伏发电系统也先后试验，安装，监测，通过长期的数据记录和追踪并不断调整，系统的运转也不断趋于完善。

为达到严格的用电质量和用电安全标准，我们开展了一系列工作。首先，逆变器制造商需不断提高其产品质量。其次，在关键的并网发电一系列问题中，新南威尔士大学、澳大利亚能源公司和太平洋电力公司合作解决了系统安全和电能质量这两方面问题。再次，为了保证大量的建筑工人在面对全新的工作任务时有一个较高的完成度，我们制订了详细的任务分配计划和严格的监管制度。最后为保证光伏系统有效工作，我们

对销售人员和房主进行光伏构件专业知识的普及。

尽管光伏发电技术还有待完善，但目前亟待解决的问题是通过降低光伏构件的价格，使其商品化和普及化，最终成为建筑市场中的独立部分。光伏发电的同时减少温室气体排放，这种优势会有助于光伏发电产品市场的扩大，通过合理的集成方式和经济有效的连接方式使光伏为人们所认可和接受，这是充满挑战的工作。太阳能村需保证光伏发电过程的安全性，达到澳大利亚和国际的相关规定。澳大利亚光伏电网一体化的成功实践，避免了电网分配低效以及"孤岛效应"的发生，太阳能村实践项目也为促进太阳能技术的应用推广提供了实践经验。

奥地利,施蒂利亚,格莱斯多夫"太阳城"

德梅·苏纳和克里斯托夫·斯基耶纳

摘要

"格莱斯多夫(Gleisdorf)太阳城"位于奥地利的施蒂利亚(Styria)区,自1991年以来,随着150多个不同项目的开展,这里逐渐安装了很多新的光伏发电和太阳能供热系统,比如在Feistritzwerke-Steweag公司屋顶上安装的公共光伏发电系统,这是全奥地利第一个通过股份制实现的项目。此外,市政府积极推行新政策,支持发展城市可再生能源,加强与公用事业公司Feistritzwerke的合作,它们还计划在未来,为所有公共建筑配备光伏发电系统,太阳能供热系统以及生物能系统,而对于私宅房主,政府决定委派公用事业公司代表向他们提供免费服务,市政府的这些举措获得了国内外各种环保大奖的认可。

简介

"格莱斯多夫太阳城"位于奥地利施蒂利亚区东区,坐落于阳光普照的群山之中,距区中心格拉兹市约25km,这座城市占地约4.78km²,居住人口5500人,地理位置优越,区域优势明显,促使其成为重要的交通和商业中心,其中现代会议中心承办过很多次不同规模的会议。

在奥地利,格莱斯多夫市因其众多的可再生能源项目和措施而闻名。其中很多项目已经建成并投入使用,诸如"太阳能树"、"太阳能街道"和沿机动车道布置的多功能光伏隔声墙等,这些项目的建成为格莱斯多夫市树立了"太阳能城"的形象。到目前为止,已有超过100个项目中安装了总发电容量接近350kWp的光伏发电系统。

格莱斯多夫市的主要发电项目

早在20世纪80年代初期,格莱斯多夫市就实施了最早的太阳能供热发电项目,当时一群对此感兴趣的客户在自家屋顶上安装了第一批太阳能热收集装置。到了90年代左右,人们又引入最新的光伏发电系统来发电供能,从这以后,格莱斯多夫市发展可持续能源的脚步就再也没有停下来。

自1991年起,位于当地的150个不同项目中,就不断有新的光伏发电技术和太阳能热水系统被引入,它们是:

- 在Feistritzwerke-Steweag公司的屋顶上安装总发电容量为10.4kWp的光伏发电系统;
- 为格莱斯多夫市政厅安装总发电容量为8.2kWp的光伏发电系统;
- 在城市中心的"太阳能树"上安装总发电容量为7kWp的光伏发电系统;
- 在A2机动车道两边安置的总发电容量为100kWp多功能隔声壁;
- 在格莱斯多夫"浪花游泳馆"(Gleisdorf Waves)的屋顶上安装的总发电容量为9.9kWp的光伏发电系统;
- 为"Askulap"医学中心装配的总发电容量为10.2kWp的光伏系统。

除了上述这些,这些年在各个项目中安装的太阳能集热器总面积达600m²,目前已有超过100户家庭安装利用太阳能热水装置,其他两个大型的项目分别为:位于太阳能低能耗建筑"阳光之日"(Sundays)上的230m²太阳能装置以及格莱斯多夫"浪花游泳馆"上100m²的太阳能装置。

光伏项目说明

公共光伏发电站

这是奥地利第一个通过股份制实现的光伏发电项目，1995 年，Feistritzwerke-Steweag 公用事业公司的屋顶上装上了容量为 10.4kWp 的光伏发电系统，这个项目由 68 个股民以及负责协调的 Feistritzwerke 有限公司 (Feistritzwerke GmbH) 共同资助完成，它使热衷于环保事业的人们有机会投资发展光伏。

这个项目的目标是：

- 用可再生能源替代石油燃料；
- 减少温室气体的排放：这个项目的实施将使每年 CO_2 的排放量减少 15 吨；
- 建立光伏发电站；
- 大力推广光伏发电系统。

为将项目开销尽量控制得更加经济，光伏组件都经过严格的筛选，尺寸规格经过了合理的适配，充分利用了已有的经验。最终，总费用控制在 7000 欧元 /kWp，而同期的类似光伏系统的造价是 9500 ～ 13000 欧元 /kWp。这个项目说明较大光伏系统能够以较低的价格完成建造。

起初，这种公益股票并不很受欢迎，在项目进行大力宣传之后，才吸引了当地群众参与进来，约有 2500 个市民了解到了光伏发电方面的信息，最终有 68 位市民购买了此股票，他们所提供的资金占总资金的 80%，而剩余 20% 的资金则由公司提供。

"太阳能街道" 和 "太阳能树"

1998 年，发电容量达到 7kWp 的 "太阳能树" 建成并投入使用，它不久便成为格莱斯多夫市的新标志，最大功率达到 7kWp，且与当地的公共电网相连。这些 "太阳能树" 都位于 "太阳能街道" 上，这条大道上 80 多个街道设施全部由光伏发电系统供能，例如：太阳能钟、广告牌和街灯等。太阳能元件也可以成为一种艺术表现形式，"太阳能树" 就是一个很好的例子。这些 "太阳能树" 高 17.3m，每棵太阳能树有 5 个树枝，共耗用

Feistritzwerke-Stteweag 有限公司屋顶上 10.4kWp 的光伏发电系统
资料来源：© Feistritzwerke-Steweag GmbH

格莱斯多夫市的太阳能咖啡厅
资料来源：© Feistritzwerke-Steweag GmbH

"太阳能街"上的路灯

资料来源：© Feistritzwerke-Steweag GmbH

12700公斤铁，支撑140个光伏面板。

这种"太阳能树"每年大约能产生6650kWh的电量，足以为格莱斯多夫市中心的70多个城市街灯提供电能。但这种树并不仅仅是漂亮的高科技发电装置，它还代表了未来格莱斯多夫市供能的理念。此外它还加强了人们对节能的认识。由此可见，太阳能树项目将艺术元素、太阳能技术、城市秩序和规划等有机地结合在了一起。

太阳能街道上的大多数光伏发电系统是由市政府属下的Feistritzwerke公用事业公司资助的，这个太阳能项目也可以视为城市市政项目。

太阳能光伏发电站以及"太阳能树"是格莱斯多夫市在光伏发电和可再生能源的应用方面迈出的第一步，在随后的几年当中，有越来越多的光伏发电站和太阳热水系统建成并投入使用，这其中的大部分项目并网发电，只有少数如路标、广告牌以及一些标识性物体离网发电。

太阳能街道上最大的光伏发电系统是安装在建筑立面的光伏发电系统，其发电容量为10kWp，基本上可以满足整个建筑的用电需求。

AEE公司总部大楼也是一个有趣的被动式太阳房案例，它的屋顶上同时设置有太阳能供热系统与光伏发电系统。

对问题、障碍、解决方案与建议的总结

对于格莱斯多夫市光伏发电、太阳能供热系统的应用以及可再生能源普及有积极意义

以下几点可供考虑：

- 城市一直以来对可再生能源以及它们的发展保持着浓厚兴趣，因此，他们也获得了来自国内外的能源和生态保护奖项。
- 每年举办可再生能源展览会，并借此大力宣传格莱斯多夫／魏茨（Weiz）区域本地的公司。
- 格莱斯多夫每两年就会举办太阳能的国际会议，约有来自20个不同的国家400位成员参与其中，这对于当地经济的发展，以及光伏可再生能源都有很大的促进作用。
- 在"太阳能进校园"的活动中，每一个校园客户公用事业公司都会拥有一套可追踪的光伏发电系统，这个系统看上去像是一个太阳能轮盘，但其实它是一个三方位追踪的太阳能发电系统，为老师和学生提供了亲自操控太阳能设备的机会，让学生参与到对太阳能的探索中，从而获得实际的物理知识。
- 格莱斯多夫市政府对于公共建筑中可再生能源的利用十分感兴趣。未来，所有的公共建筑建造过程中都必须配有太阳能光伏发电站、太阳热水站以及生物能发电站。即使一些建成年代较久的建筑也纳入可再生能源改造工程。
- 在对Feistritzwerke公用事业公司楼顶光伏发

电站股份持有人的调查中，半数人表示他们对能源使用的态度有积极的转变，且有将近 80% 的人已采取了节能措施以达到高效节能的目的。

建筑可再生能源的咨询服务

在格莱斯多夫，部分业主享有公用事业公司提供的免费咨询服务。在咨询过程中，业主不仅享有可再生能源公司为他们提供的多种选择，更重要的是，他们从中能进一步了解可再生能源的优点以及实现可再生能源的可能性，并且更加清楚地了解所需的设备规模及要求。

接受这个咨询服务是每个新建楼房业主的义务，否则业主将无法获得相关补助。每年有 30 ～ 50 个业主进行了此咨询工作。

能源数据库：能效评估的一种可能性选择

最近 AEE（致力于可再生能源研究工作的组织）创建了一个能源数据库，该数据库可显示建筑个体能源消耗情况。业主可根据数据库提供的信息，采取不同方式利用可再生能源降低建筑整体能耗。

光伏发电和太阳能供热系统的补贴

光伏发电项目会得到政府一定的补助，并获得施蒂利亚 50% 的馈网电价。总的补贴额只有 200kWp，由于总额太低，并且只有少部分人能够受惠于此贴。补贴总额对于众多项目而言并不够。

施蒂利亚政府为每个光伏系统提供 2000 欧元的资金，尽管人们已经认可了光伏发电的理念。但其高昂的成本与低额的补贴让多数人望而却步。

由于补贴总额只有 200kWp，很多人急于争抢补贴但却没有保证后期项目的落实，导致许多真正需要光伏系统的人由于名额有

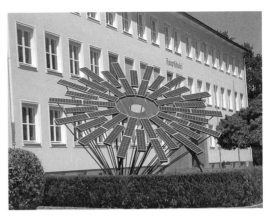

位于学校的可追踪太阳能轮盘
资料来源：© Feistritzwerke-Steweag GmbH

限而没有获得应当的补贴。

在利用太阳热水方面格莱斯多夫是奥地利所有城市当中的佼佼者，该市对于太阳能热水的支持在奥地利甚至欧洲范围内都是最杰出的。格莱斯多夫的太阳能热水系统在得到当地政府资金补助的同时，也得到了施蒂利亚政府的部分资金支持。正是这些来自政府的支持，才让太阳能热水系统比光伏发电系统更具有吸引力。

如何保证系统的正常运转？谁来负责维护工作？

大家都知道光伏发电系统极少需要后期维护，但仍有必要保证系统的正常运转以获得最大产能：

● 位于公用事业公司屋顶上的公用系统（光伏发电系统）一直运行良好。公司员工开展了一系列服务活动包括：每个月对功能控制系统都进行检查，每年对光伏元件进行清洗。另外还保证光伏模块在冬天没有积雪覆盖。现在光伏系统的总发电量已经达到 9500kWh，超过之前所预期的 9000kWh。

- 个人光伏系统的业主应对他们的系统负责，对于他们来说，系统的高效运行是十分关键的。通常情况下，他们并没有定期对系统进行检查，因此也并不清楚系统是否存在问题。所以问题往往会出现在后期检查过程中并会在一段时间内对系统造成伤害。对于系统出现的相关问题，私人运营商能够找能源公司解决，但公司并不提供每年对系统进行检查及维修的服务。
- 租户大多数情况下对于电能和热水的来源并不感兴趣，尤其是当他们并没有参与规划或者并不准备在这里长时间驻留时。这种情况下，他们只关心有没有电和热水。
- 最新的太阳能热水系统相对于光伏发电系统具有一个明显的优势，那就是系统上都装配有故障信息系统。一旦系统出现故障，故障信息就会传达到操作者手中。

法国，大里昂区，达赫莱泽

布吕诺·盖东

摘要

大里昂区 (Grand-Lyon) 位于法国中部，多年来一直积极推广可再生能源。最早应用可再生能源的项目位于达赫莱泽 (La Darnaise)，它在高层建筑的改造中将光伏运用于建筑外立面。达赫莱泽过去发生过暴动，所以人们对这个城市的印象极差。为了改善城市形象，他们使用了光伏。如今达赫莱泽已成功转变为一个充分利用可再生能源的区域。起初，该项目的重点是安装外部绝热的 low-E 玻璃窗，完全没有涉及可再生能源的使用。但在 2001 年，当地能源署对可再生能源系统进行了多次技术考察，例如在某公寓中考察一个装机容量为 10kWp 的光伏系统。这直接导致了项目的优化，至此人们决定加入可再生能源系统。

简介

韦尼雪 (Vénissieux) 位于法国第二大城市里昂，该区域内混杂着社会住宅及工业区，其人口达 6 万。而达赫莱泽是一个多层公寓建筑，建于 20 世纪 70 年代，当时有 1000 户住房。达赫莱泽曾发生过暴动，多年来蒙受恶名。

今天，韦尼雪人正在重建这个城市，改善市民的生活质量。从 1989 到 2004 年，4 栋多层公寓被拆，代之以半独立式住宅。剩下的 11 栋公寓改造开工于 1998 年，竣工于 2006 年。改造使公寓楼的隔热效果得以改善，并使可再生能源得到了利用。达赫莱泽向人们证明了一个老旧住宅区具有转变成高能效可再生能源供应区的潜力。

在达赫莱泽改造项目中，11 栋公寓建筑的外墙上安装了光伏。如今它们能为 727 户住宅供应电能。法国国家环境与节能署 (French National Agency for the Environment and Energy Management (ADEME)) 及罗内－阿尔卑斯地区议会 (Rhône-Alpes Regional Council) 为该项目提供资金。

达赫莱泽改造项目中的公寓建筑属于 OPAC 大里昂住房组织 (OPAC Grand-Lyon)，它是一个公共的社会住房组织。该项目是大里昂区领导下的城市大改造计划（"大城市项目"）的一部分。计划于 1998 年启动，旨在改善市民生活质量，改变这些荒废地区的消极形象。计划的首要任务是提高住宅的热舒适度，降低住户的日常开销。

起初，改造项目仅仅是安装高能效的 low-E 玻璃窗，不涉及可再生能源的利用。但在 2001 年，当地能源机构为 OPAC 大里昂住房组织展开了针对可再生能源系统的技术考察。他们在格勒诺布尔 (Grenoble) 附

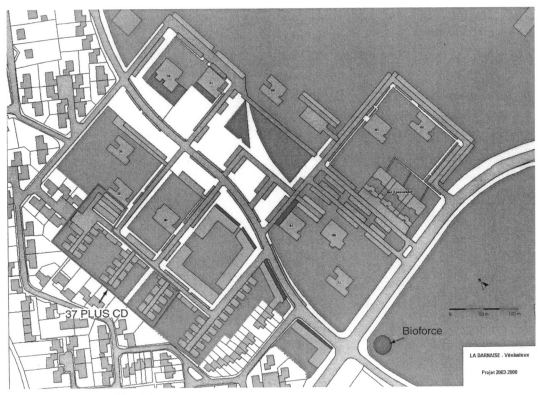

达赫莱泽韦尼雪地区场地规划
资料来源：© OPAC Grand-Lyon

近的一栋公寓楼中针对光伏进行了考察。该楼为另一公共社会住房组织 OPAC38 所有，于 1999 年在"绿色城市"（Green Cities）项目的策划下安装了装机容量为 10kWp 的光伏系统，项目由欧盟委员会（European Commission）发起。这次考察是极为成功的，因为它直接导致了 OPAC 大里昂住房组织修改了原项目，将光伏系统纳入计划。

总太阳能接收面积为 730m^2 的太阳能热水系统被安装在多个建筑的屋顶上，平均每户的太阳能接收面积能达到 1m^2。燃煤的火力发电站也被总功率 12MW 的燃木的发电场取代。

初步的调查发现几乎没有屋顶可供安装

光伏系统，因为屋顶基本上被太阳能热水系统占据。唯一的可能就是将光伏系统集成到建筑物的南立面上，尽管这会降低发电量。

在这个大规模的城市改造项目中，显然不可能为了最大化利用光伏而改变城市规划。因此为了减少相邻建筑的遮挡，每个建筑物上的光伏系统都是量身定制的。

光伏的总成本为 58 万欧元，其中 1/3 由业主承担，剩下的 2/3 由法国国家环境与节能署及罗内－阿尔卑斯地区议会资助。尽管光伏系统发电能得到补贴，但用户将得不到该项目的资金补偿。原因是用户并没有选择利用年发电收益偿还贷款，而是用来减少建筑的日常开销，以便提升建筑的社会角色，

大里昂区鸟瞰

资料来源：© OPAC Grand-Lyon

清晨达赫莱泽地区南面的景象

资料来源：© Agence Locale de l'Energie de l'Agglomération Lyonnaise

达赫莱泽项目中，光伏阵列尺寸得到优化以使阴影遮挡的影响最小化

资料来源：© Agence Locale de l'Energie de l'Agglomération Lyonnaise

在达赫莱泽改造项目中，11栋多层建筑在2005～2006年间安装了总装机容量为92kWp的光伏系统。

光伏系统的功率从4～12kWp不等。考虑到周围建筑的遮挡，每个系统的尺寸都经过优化：

- 装有4kWp光伏系统的建筑3栋（12kWp）；
- 装有8kWp光伏系统的建筑4栋（32kWp）；
- 装有12kWp光伏系统的建筑4栋（48kWp）。

减轻居民的贫困程度。

该大型改造项目旨在通过提高能效，利用可再生能源来改善人们的生活质量，减少日常开销，光伏仅是其中一小部分。但目前来说相比高效绝热窗、燃木供热和较隐蔽的太阳能集热装置，光伏是建筑中完全可见的部分。安装在建筑立面上的光伏系统成为了达赫莱泽地区的标志，达赫莱泽也成为法国最先利用可再生能源发电的地区。

对问题、障碍、解决方案与建议的总结

该大规模城市重建项目起初未包含可再生能源系统的安装

项目旨在改善市民生活质量，改变该地区的形象。起初，可再生能源并不是改造项目的一部分。然而，当地的能源机构为了增强OPAC大里昂住宅组织对可再生能源的认识和意识，针对可再生能源系统组织了技术考察。这使OPAC大里昂住宅组织决定改变项目，纳入可再生能源系统（木屑锅炉，太阳能热水和光伏）。

在该项目中，从哪儿寻找合适的光伏安装位置

高层建筑一般提供给光伏的屋顶面积有限，特别是屋顶含有太阳能热水系统时。在

该项目中，最后的解决方法是将光伏与建筑南立面结合。这导致光伏系统的年发电量下降，因为光伏组件的倾斜角远远偏离最佳角（在里昂最佳角度约为30°）。但另一方面立面上的光伏使建筑美观，弥补了发电量减少带来的损失。

如何减少相邻建筑间的影响？

高层建筑占地面积虽小，但形成的阴影很大。当光伏被安装到立面上时，阴影会大大降低光伏的发电量。为了确定每个光伏系统的尺寸，避免在经受阴影遮挡的立面上安装光伏，人们进行了一项详细的研究，对每栋建筑产生的阴影做了分析。光伏系统的年发电量得以最大化。考虑到阴影问题人们设计了3种不同的光伏系统（4kWp，8kWp，12kWp）。

光伏系统的数量

当同一组织拥有的若干建筑都安装光伏时，需要选择是给每个建筑安装单独的光伏系统还是子光伏系统。减少光伏系统的数量，能简化监控和并网流程，促进电力买卖，但如果连接每个子系统的技术复杂，这些将难以实现。

尽管该项目中所有的光伏均为一人所有，

但 11 栋建筑中每个光伏系统都互相独立。每个系统都与电网单独连接，并与购买电力的部门单独签订合同。之所以选择这种方式，是因为连接每个子系统到一个电网接入点相当昂贵且复杂。

光伏对减少租户日常开销有限，还值得花钱安装光伏吗？

在达赫莱泽，光伏系统每年发电 5.9 万 kWh，平均每户每年 80kWh。光伏系统只能有限地减少用户的日常开销。然而，为了使光伏彻底成为建筑的一部分，光伏元件被安装在建筑立面而非屋顶。这一选择不仅保证了可再生能源发电量，还提高了光伏的可视度，因为项目中运用的其他节能措施和可再生能源系统——太阳能热水、建筑隔热、生物质能供热——对于用户和来访者来说都是不可见的。达赫莱泽是法国最先利用可再生能源发电的地方，光伏成为该地区的标志。这一可见元素的社会影响力甚至超过了其所

弗以伊高地的场地地图
资料来源：© SERL 公司

发电力的价值。

法国，圣普列斯特，弗以伊高地

布吕诺·盖东

摘要

大里昂区的弗以伊高地（Les Hauts de Feuilly）住宅项目以建立可持续的开发区为理念，采用了高效节能系统和可再生能源系统。项目根据里昂市区环保指南进行建设。这个项目的建设为大里昂提供了很多经验。他们运用这些经验来改善当地的能源导则，提高建筑能效，增强可再生能源系统的利用，使建筑节能效果超出国家规范提出的标准。

简介

圣普列斯特（Saint-Priest）是一个拥有 4 万居民的城市，位于法国第二大都市区——大里昂区，工业发达，商业繁荣。新住宅区名为弗以伊高地，建成的建筑面积为 27700m²，创建于 1998 年，该项目旨在开发基于高品质建筑和城市生活的新形式住宅。项目内容包括建造 117 套独立式住宅以及包含 81 个居住单位的 6 栋公寓建筑。

如今在法国，人们认为该项目着眼于可持续发展，富于革新精神，建设得非常成功。为了减少传统能耗，几乎所有参与设计的开发商都运用了高能效建筑技术和可再生能源。例如：

● Les Nouveaux Constructeurs 一方面尽可能优化建筑物的地理位置和方位朝向以最大程度地接收太阳能，另一方面加强房屋保温性能，并运用双向热动力流动新风系统和太阳能热水系统。

- SIER 公司则改善自然采光，采用普通材料如砖块，同时加强房屋隔热性能，并运用集成热水和采暖的太阳能系统。
- 开发商 France-Terre 在每栋楼上都安装了光伏屋顶一体化系统。
- MCP 集团建造了兼有太阳能供暖系统和光伏发电系统的被动式住宅。

MCP 集团的兼有太阳能供暖和光伏发电系统的被动房
资料来源：© hooznext.com pour GRDF

光伏项目说明

起初，项目策划并没有涉及环境议题，直到负责城市规划的 SERL 公司提出运用环保管理的方式建造这个工程时，大家才首次讨论这个问题。在满足大里昂都市区环保导则的前提下，每位开发商都有机会提出有创意的建筑方案。在弗以伊高地，已有 2 名开发商将光伏系统作为住宅的标准设备来安装：

- France-Terre 在 19 套独立式住宅和 3 栋公寓建筑上安装了光伏系统。
- MCP 集团为被动房设计了光伏，使其进一步节能。

France-Terre 安装在 19 所私人住宅上的光伏屋面一体化系统
资料来源：© hooznext.com pour GRDF

其中负责建设这项工程的开发商 France-Terre 特别关注光伏建筑一体化系统，在城市和集合住宅项目中，它是除太阳能热水系统之外的不二选择。

最初选择建筑材料时，France-Terre 打算在独立式住宅上铺红瓦，公寓建筑上铺黑瓦，两种瓦都由伊美瑞（Imerys TC）公司供应（伊美瑞是法国最大的屋面瓦制造厂，当时还参与了欧洲的一个屋顶光伏系统开发项目）。为了在技术与美学上改善光伏板与屋顶的一体化，这位开发商最后决定在建筑物上统一只用暗色瓦。

对这个新的开发区而言，场地的规划远

远早于装配光伏的计划。这就不难解释为什么与建筑相关的诸多因素并非最为有利于光伏发电，尤其是建筑物在街道的方位和屋顶的类型及朝向等。此外，因为 France-Terre 想提供同等的质量给每位房主，所以每套房子都以 1kWp 的标准来安装光伏系统，尽管事实上一些房子有更好的发电条件。

每个住宅的私人业主支付的总价大约为 25 万欧元，增值税（VAT）率低于 5%；包括增值税在内，每个光伏系统的价格大约为

1万欧元。为了促进房产交易，所有光伏系统由以下单位提供资金：

● 欧委会之光伏－小行星项目（the PV-STARLET project）;
● 法国国家环境与节能署；
● 罗内－阿尔卑斯地区议会。

最终，每个光伏系统的私人业主支付的附加费用不到成交房总价的1%。2006年工程完成之际，光伏系统可行的馈网电价为0.14欧元/kWh。对房主来说幸运的是，由于光伏系统正式并网推迟，在2006年夏天政府宣布新的馈网电价前，没有一个用户被收取费用。最后，考虑到光伏系统被集成到屋顶，这个项目合理的馈网电价被定为0.55欧元/kWh，保证期限为20年。

尽管在这片地区，总安装功率相对较小，但这个项目还是意义深远，因为在法国，这是第一次有开发商决定将光伏系统作为其住宅的标准配置。

项目过程中，大里昂区收获了许多经验，并运用这些经验来改善当地的能源方针使之适用于社区所有的建筑物，同时提高建筑能

光伏－小行星项目由欧委会提供资金，项目内容包括开发一种"光伏瓦"（PV tile），并在欧洲安装装机容量超过600kWp的产品。法国最大的屋面瓦制造厂伊美瑞负责协调这个项目。

在光伏－小行星项目中，25kWp的产品于2006年被安装在弗以伊高地住宅区，分布于France-Terre的建筑物上，其中：

● 19kWp在19所独立式住宅上（1kWp每所）
● 6kWp在3栋公寓建筑上（2kWp每栋）

效并加强对可持续能源系统的利用，使之超过国家标准水平。

对问题、障碍、解决方案与建议的总结

在设计建筑形态和布局时，开发商需要知道建筑上是否将会装上光伏，以便采取合理的措施

在这个新开发区，场地的规划远远优先于给住宅装配光伏发电系统的决策。France-Terre作为这个项目的开发商，通过在每户屋顶安装1kWp的光伏来为各个房主提供同等的品质，虽然建筑本身的诸多条件并非已为光伏发电做到最优化，尤其是建筑物在街道的方位和屋顶的类型及朝向等。这也直接导致最终部分光伏系统并非是朝向南侧的。

理想的情况下，除了要考虑城市规划和建筑法规，开发商还应该依据减少建筑外形相似性的原则在屋顶的形状和朝向方面考虑基本的太阳能需求。这将会使每个住宅都能够安装光伏系统，并确保其在令人满意的条件下运行。

光伏系统与配电网的连接如果未达到电网分销商（DNO）的预期目标，将会产生额外费用

在法国，为了从光伏补贴中营利，公共事业部门不得不创建额外的连接点，供光伏系统接入电网。而对于该开发区，电网分销商仅仅创建了一个电网连接点来给每户供电，正如在标准的开发区中所做的一样。因为电网分销商还没有被正式告知每家将安装光伏系统，因此并未做出预判，即对每个光伏系统来说，一个额外的电网连接点是必需的。项目后期居民入住，这个问题才得到了解决，所有光伏系统的运行却因此推迟。幸运的是，这没有造成居民额外支出，因为这些光伏系统的功率低于一定水平。这意味着这些费用将由电网分销商承担。

France-Terre 的标配 1kWp 光伏系统的独立式住宅
资料来源：© hooznext.com pour GRDF

负责城市规划和开发的组织应该尽早告知电网分销商新建筑是否安装光伏系统。这将便于电网分销商修改其常用电网计划，以保证电网理想运行。这也将避免在完成建筑物之后，如果电网分销商要求直接连接到变压器时，会增加额外的基础设施工作，可能正如大规模光伏系统的情况。

销售安装有光伏系统的住宅对开发商提出了新的要求

选择在建筑物中安装光伏系统的开发商不仅需要处理技术层面的问题还要处理非技术层面的问题，比如光伏系统接入电网的行政流程和在一定的补贴条件下电力的购买合同。这些程序通常应该由未来房主执行，尽管它们复杂且费时，但是为了促进住宅销售，开发商一般会专门提供相应的商业服务。

建议开发商协助未来住户直到光伏系统正式运行。具体来说，开发商应该确保未来住户已经签订了光伏系统接入电网的合同和所有以特定馈网电价生产电力的购买合同。若开发商不协助他们，有可能会导致住户的不满并有损开发商的声誉。

德国，弗赖堡，施赖尔堡"太阳能小镇"

英戈·B·阿热曼

摘要

弗赖堡（Freiburg）被誉为德国的"生态之都"（ecological capital），早在 20 年前就出台了针对新开发区的生态标准。针对可再生资源，其制定了高要求的政府义务，大量居民对其予以支持。弗赖堡久负盛名，许多研究所在此建立基地，其生态之城的美誉已经为城市带来了经济效益。

不过即便是对于弗赖堡来说，施赖尔堡"太阳能小镇"项目（Solarsiedlung am Schlierberg）（施赖尔堡"太阳能地产"（Schlierberg Solar Estate））的能源目标也是相当宏伟的。这里的建筑年复一年地输出着能源。这些高能效建筑每年供暖需求的能源低于 $18kWp/m^3$（被动房标准）。不仅如此，所有屋顶都覆盖有光伏元件。整个开发项目由某创新的股份计划私下资助。建筑师 Rolf Disch 首次提出并主张这个计划，不仅如此，他个人还愿意为这个私人资助项目承担风险，并希望通过自己的努力证明：当今的住宅能够产生超过其自身所需的能源。

简介

弗赖堡介于莱茵河上游（the Upper Rhine）的黑森林区（the Black Forest），每年大约有 1800 小时的日照时长，是德国最温暖、阳光最充足的地区之一。这个城市有 20.4 万市民，是所在地区的经济和文化中心，而且是巴登·符腾堡州（Baden-Wurttemberg)唯一人口持续增长的中心城市。

欧洲最现代的住房地产——所谓的施赖尔堡"太阳能小镇"，就建于此。这个太阳能地产位于沃邦（the Vauban）地区的

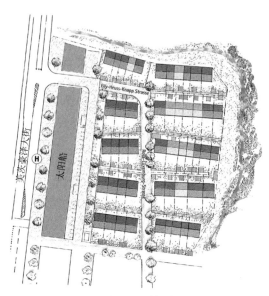

施赖尔堡的"太阳能地产"场地规划
资料来源：© Solarsiedlungs GmbH

大型城市改建区，沃邦地区曾是法军的军营地。十年之间，60座能源盈余屋®（Energy–Surplus–Houses®）和一被称为"太阳能船"（Sonnenschiff）的长达125m的服务区沿着主干道两侧建立起来。"太阳能船"提供零售、办公和居住空间。这里的联排住宅一般为二或三层，而"太阳能船"有四到五层楼高，因而社区可避免主干道美茨豪泽大街（Merzhauser Straβe）的交通干扰。

在这个项目中，所有建筑物的屋顶都覆盖了大面积光伏元件，这些光伏元件位于南向屋顶，被整齐地整合到一个平面上，整个系统总功率达到了445kWp。而2000年4月1日正式生效的德国《国家可再生能源法案》（the German National Renewable Energy Act）（Erneuer–Energien–Gesetz，EEG）则最终促成了这个大规模应用光伏发电系统的项目。

弗赖堡"良好的生态氛围"（'ecologically sound atmosphere'）及建筑师罗尔夫·迪施（Rolf Disch）对自身个性的坚持，促成了这一项目，罗尔夫·迪施也想证明他的能源盈余屋®构想能为联排住宅和商业建筑带去福音。最后，他成了施赖尔堡"太阳能小镇"项目的承包人和建筑师。这个双重身份使他能够确保实现能源盈余屋®的构想。

项目背景

弗赖堡以大力保护自然资源和环境而闻名。该城已获多项环保奖，如：1992年"德国生态首都奖"（Ecological Capital of Germany），2004年"可持续发展城市奖"（Sustainable City）。它还多次赢得"国家太阳能联盟奖"（the National Sloar League）。

弗赖堡在环保方面取得的成就，可以追溯到19世纪70年代。当时，有人计划在离弗赖堡不远的地方建化工厂，同时德国、法国、瑞士的核工厂也紧临弗赖堡，这引发了人们的强烈反对，也大大激发了弗赖堡市民的环保意识，区域性的环保网络（regional networks of environmentalists)也随之建立。多年来，为改善生态环境，环保人士在不断地给政府施加压力。

1986年切尔诺贝利核电站事故（the Chernobyl disaster）之后，弗赖堡成为德国首批以保护环境为宗旨，以实现能源自给化为目标的城市之一。这个项目的内容包括减少水、电等资源的消耗，也涉及可再生能源和新能源技术的运用（资料来源：BUND，2002；Mayer，2007）。

20世纪90年代，弗赖堡进行了一项以"调查环境政策的经济意义"为主题的研究。该研究表明，对于这一整片还未曾有过大型产业的地区来说，太阳能和环保政策已成为弗赖堡经济开发的重要有利条件。同时它还与弗赖堡所处的地理位置相辅相成，因

施赖尔堡"太阳能小镇"项目鸟瞰图（位于前面的即为太阳能船服务区）
资料来源：© Solarsiedlungs GmbH

为它既是重要的旅游区，又是商业、环保组织和研究协会的中心，聚集了很多从事节能和环保的企业、组织和研究机构，如弗赖堡奥科学院（Freiburg Ocko Institute（生态研究机构）），BUND 组织（the BUND（地球之友）），国际太阳能学会总部（the ISES World Headquaters），弗豪霍费尔国际太阳能公司（Fraunhofer ISE）和 Solarfabrik 公司（Solarfabrik）。

除了经济和环境效益，弗赖堡的市民还对政府在城市发展中展示出来的领导能力引以为荣。绿党（Green Party）得到了众人的青睐，许多居民乐意支付额外的费用并以此换取低能耗和社会卫生效益。

德意志联邦的其他地区也紧跟弗赖堡

的步伐，尝试节约能源，他们的举措受到了绿党的推崇。绿党是隶属于德国前总理 Gerhard Schroeder 的执政联盟，提倡节能环保。2000 年，德国政府决心逐步关闭核能设施，并计划 2020 年实现全面停用。德国目前已立法促进可再生能源的开发和利用。

其中最重要的一部法案是《德国国家可再生能源法案》（EEG）。该法案在 2000 年春获得通过。依据此法案，电网经销商必须为可再生能源发电承担一部分费用。传统能源发电的市场价格通过消费者的用电清单来分配，这个清单即作为《国家可再生能源法案》的分配依据。不同类型的可再生能源发电根据发电成本收取费用。事实证明这种推广利用可再生能源发电的方法是极其成功的，特别是对于风力发电和光伏发电。

项目进展

施赖尔堡"太阳能小镇"项目的诞生为形势所趋，特别得益于当地身为建筑师兼企业家的罗尔夫·迪施。他有勇气，有耐心，富有创新精神。他和他的团队致力于打造在生态和经济上都可持续的生活空间。能源盈余屋®正是这样的典范。据计算，这些房子在它们的使用期内将产生超过自身需求的能量。房屋设计巧妙地利用了被动式和主动式太阳能系统，例如采用隔热性能极好的建筑外壳，增加2倍的玻璃面积，对热泵、热回收系统、太阳能热水器和光伏发电系统加以利用等。

施赖尔堡"太阳能小镇"项目表明在Heliotop实验房（Helioto是罗尔夫·迪施在1994年建造的，其顶部装有光伏记录系统）具有较好的节能性能，也能科学经济地推广应用于联排住宅和商业建筑。

1990年，随着柏林墙的倒下，法国军队撤离市中心以南的地区，即现在的沃邦区。机遇随之而来，弗赖堡市政府从联邦政府手中买下了这片地区，并于1993年在这里启动了一项富有挑战性的可再生能源改造项目，项目位于城区最主要的道路美茨豪泽大道旁。

施赖尔堡"太阳能地产"南向街景
资料来源：© Ingo B. Hagemann

当地城市规划部门负责这片位于美茨豪泽大道西侧地区的规划和发展，并致力于实现可持续发展。然而，对这些建筑制定的目标却不如罗尔夫·迪施为施赖尔堡"太阳能小镇"项目制定的目标宏伟。这个地区的市民参与度远高于法律规定的最低要求，这也使市民有机会参与到规划过程中。

位于美茨豪泽大道东边的区域，过去是沃邦军营的体育设施所在地。该处的分区法规要求新建筑物朝正南向。这个规定和西侧的新沃邦区的基础设施，都可能为在该地实现能源盈余屋®的建设提供理想的条件。

罗尔夫·迪施成功地与拥有Instag AG公司的房地产开发商罗尔夫·戴勒就该项目达成了合作伙伴关系。这种合作关系让项目前景一片大好，因为罗尔夫·戴勒是一个功成名就的房地产开发商人，经营产业庞大。他将能源盈余屋®注册为商标，在他看来，施赖尔堡"太阳能小镇"项目只是一个起点。

弗赖堡市政府和Instag AG公司签订了期权合同。紧接着，提交了施赖尔堡"太阳能小镇"项目的计划。当地的规划局在该计划指导下根据现存的建筑规范提供了施工许可。不幸的是，Instag AG公司之后因其他项目问题陷入了经济危机，以至于到20世纪90年代末这个团队再也无法继续这个项目。

在这样的形势下，项目急需资金援助。最终罗尔夫·迪施在巧克力生产商阿尔弗雷德·里特和马利·霍佩-里特的帮助下，成立了"太阳能小镇"有限公司。这个新公司的目标是接管Instag AG在施赖尔堡"太阳能小镇"项目中的所有现存的权力和职责。

然而，弗赖堡市政府否决了这种做法，并针对美茨豪泽大道东部开发方案发起了新的邀标。"太阳能小镇"有限公司虽然赢得了竞标，但仅得到原方案40%的部分，其他60%被分配给其他的投资者，用于建造传统

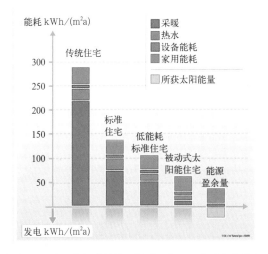

德国不同建筑物标准的能源需求，能源盈余屋®在其生命周期内需要的能源少于它产生的能源
资料来源：© Ingo B. Hagemann

"太阳能船"西南向街景图
资料来源：© Ingo B. Hagemann

房屋。整个方案最初的"生态水"概念——充分利用附近洛雷托（Loretto）山的雨水和溪水——也最终夭折了。

相应地，施赖尔堡"太阳能小镇"项目的计划需要修改。房屋数量已经从 219 减至 60，服务中心的长度也从 300m 减为 125m。这个宏伟的能源概念的目标变得难以企及。

另外，由于联排住宅一边建造，一边出售，进展缓慢。这是一项艰难的任务，因为许多工作需要同步进行，包括建造工地的监督，房屋的出售，与业主的协商，适时修改计划等。

融资

在房屋的出售中，出现了口齿之争。天价房屋的谣言四起。债权人设置了一个前提条件，"太阳能小镇"有限公司要担保至少出售 60% 的住房，他们才会贷款给想要买房的人，这造成了卖房伊始困难重重。

不过，2000 年该项目被确定为世博会外部项目后，情况发生了好转，德国联邦环境基金会（the Deutsche undesstiftung Umwelt）为他们提供了补贴，并将其用于项目的交流与监控。

上述两项措施都有助于提高公众对项目的关注度，最终也果然引发了大家对项目资金问题的关注。2001 年，1. Solar Fond 弗赖堡基金会成立了，每个受邀者捐款 5000 欧元并获得了股东证书，从而资金问题得以解决。整个投资额为 150 万欧元。全新的资金模式是这次成功的关键。紧接着，又有 3 个投资基金会成立，其中每个都有 300 万欧元的投资额。

联排住宅的销售价格包括固定资产和开发成本，根据单体配置的不同，介于 2700 欧元 /m² 和 3300 欧元 /m² 之间。其中共有隶属于 4 个太阳能基金会的 15 间房屋。这些房屋以平均 11 欧元 /m² 的价格出租，这在弗赖堡价格较高。然而，需要考虑的是取暖会带来额外费用。不过这在该项目中基本不要考虑，因为每个房屋每年的取暖费为 50～100 欧元。

光伏屋顶一体化系统被单独出售，用户或其他投资者均可以购买。根据《德国国家可再生能源法案》，投资回报包括 20 年的补贴。事实证明尽管建造成本更高，但联排住宅的名义收益率也比较高。原因在于建筑物的运行成本很低（取暖费很少），安装光伏还能带来收益。因此能源盈余屋®概念是非常有潜力的投资。

基金会是传统的房地产基金，他们的平均利息收入率是 5%～6%，大概是这类投资的平均水平。股东基本上是对该项目感兴趣并希望进行长期合作的私人投资者。最近第五个基金会成功启动，即总投资额为 556 万欧元的"太阳能船"基金会（Sonnenschiff Fond）。它拥有总建造成本为 2000 万欧元的服务中心的部分资产。

这个项目的重大挑战在于融资。当保守的债权人不愿为新理念投资时，上面提到的基金会提供了一个成功的融资模式。

光伏系统

相比建造资金的困境，光伏系统的技术设计和它与建筑的集成将不是问题。对于建筑师和安装者来说，光伏都不是一个新话题，因此集中各个光伏相关专业技术人员的机构得以成立，简易和美观的安装方式也不断发展。

东南向光伏屋顶视图
资料来源：© Solarsiedlungs GmbH

标准的半透明光伏板集成到屋面上，并与联排住宅南向屋顶之间留有 16cm 厚的空气间层。光伏组件以 30mm 的间距逐点安装在矩形空心不锈钢型材上，型材本身则安置在 100mm 厚的镀锌工字钢上。屋顶的防水层由塑料密封层组成，光伏阵列和屋顶在结构上连接安全、牢固又合理。然而，从建筑设计的角度上看，这两部分属于一体，并且是施赖尔堡"太阳能小镇"项目外观设计特色。

光伏系统是整个能源盈余屋®设计概念的核心。20 世纪 90 年代，光伏成本还很高，因而施赖尔堡"太阳能小镇"项目早期计划的光伏规模远不及现在。然而，《德国国家可再生能源法案》从 2000 年春生效以后，光伏的运用在经济上变得可行。建筑师不由感叹："这部新法正合我意啊！"

为了增大安装光伏的屋顶面积，公寓楼的屋顶设计成不对称三角形。对于服务中心和联排住宅来说，最关键的是使用单坡屋顶结构。这两种屋顶风格在南向都有较大的挑檐，因此在夏天能起到遮阳作用。

这个项目总共安装了规模为 445kWp 的并网型光伏系统（grid-connected PV）。将逆变器安装在建筑屋面下的外墙上后，该设施每年能够获得 42 万 kWh 的太阳能发电量。这项技术与建筑节能设计相配合，每年可以节省 200 万 kWh 的电力，相当于减少了 20 万 L 的原油。

业主的反馈

业主们普遍反映他们十分享受在施赖尔堡"太阳能小镇"的生活，在那里，他们体会到了传统生活方式无法提供的好处，例如：

● 太阳能住宅中的舒适生活，节能型的生活方式；

- 市中心地区所带来的便利；
- 临近公共交通设施的便捷；
- 提供给儿童使用的基础设施（设有车辆等）；
- 低发病率（良好的室内气候／空气质量）；
- 业主们所期待的社会环境（Fesa，2002）。

意大利，亚历山德里亚"光伏村"

弗兰切斯卡·蒂利，米凯莱·佩莱格里诺，
安东尼奥·贝尔尼和尼古拉·阿斯特

摘要

　　意大利亚历山德里亚的市议会发起了一项名为亚历山德里亚"光伏村"（Alessandria Photovoltaic Village）的城市综合发展项目，预计他们将会在建筑和公共场所安装总计160kWh的光伏设施，并以此将低收入市郊区域打造成为一个环境友好、关系融洽的城区。该项目在意大利赢得了"可持续城市竞赛"第一名。

简介

　　亚历山德里亚"光伏村"坐落于意大利北部的城镇亚利桑德里亚的西南郊区凯瑟梅特二号（Casermette II）。最初该地区以农业发展为主，不过当地的部分建筑曾作为军队营房使用，而凯瑟梅特在意大利语中有军营的意思，该地区也因此得名。

　　1973年，亚历山德里亚市政府的《地区总体规划》（General Regulatory Plan）中，规划出三个城市拓展区域，其中凯瑟梅特二号将被开发成一个新的住宅区。该地区的规划建设量为74.3万 m^3，占地39.1公顷，预计这一地区的人口将达到7400。从1977年9月起，这个区域就开始了相关的重要改革和发展。

　　经由"179/92法"的授权，"综合干预项目"

亚历山德里亚，建筑与公共区域中安装 160kWp 的光伏设施

资料来源：© Comune di Alessandria

（Integrated Intervention Programme，PII）框架下的"公共居住类建筑干预办法"（The Public Residential Building intervention）为该区域带来了新的建筑干预手段。项目最终要完成对自然环境、城市和建筑的更新改造以及实现节能目标。

　　新住宅区具有以下特点：

- 低建筑密度；
- 低居民密度；
- 宽敞的私人与公共空间；
- 所有建筑高度都不超过 3 到 4 层。

改善城市环境

20 世纪六七十年代，大量人口从农村涌入城市，住房需求日益迫切，该项目正是在这一背景下开展进行的。由于中低收入家庭普遍居住在公寓中，同时针对他们的住房必须控制经济成本，那一时期的住宅的质量往往较差。但之后，人口迁徙逐步放缓，人们的环境意识也自 20 世纪 80 年代以来在不断提高，客观情况迫使公共部门致力于建设更高质量的住房，于是亚历山德里亚"光伏村"浮出了水面。

该项目旨在提高公共及私人住宅的可持续性和城市适应性，因此亚历山德里亚的地方议会决定从环境保护的角度出发，使得建筑能够利用可再生能源，以削减 CO_2 的排放。

除此之外，该项目还计划恢复该地区的"可持续性"，即：将建筑融入周围绿化良好、道路及配套服务设施齐全的城市中。

该地区的新住宅沿宽阔的广场围合布置，垂直路径不仅将两个露天广场联系起来，而且将行人与城市交通分离。开放的空间在向不同社会阶层的人们提供聚集交流的机会的同时也为体育活动提供了场所。

"光伏村"是城市再生的绝佳实例，也是建筑运用创新型能源技术的突出代表，这一案例最终将创造出优质的综合环境。

光伏项目说明

2000 ~ 2005 年间，在亚历山德里亚省住宅建筑运营管理事会（the Residential Building Operation Council of the

面积较大区域内五个街区的光伏屋顶
资料来源：© Comune di Alessandria

Province of Alessandria）的协调下，亚历山德里亚"光伏村"项目得以发展。这里的业主主要来自社会中、低阶层，应用在他们的公共住房上的光伏技术是该地区城市环境再生计划的一部分。

该项目覆盖两个区域，共计 192 套公寓，这些公共住房全部由亚历山德里亚省住房管理机构 ATC 负责建造。其中面积较大的区域，有 5 个街区共 96 套公寓，其中 40 套属于住房协会，24 套属于合资建设，另外 32 套是私人住宅。而面积较小的一片，有 3 个街区共 96 套公寓。

通过为体育活动、短暂休闲和会晤设置不同的公共绿化区域，人们发现了光伏设施在于开放空间下的建筑的意义。这些新区域以特征元素（如：遮盖物）为标志，光伏元件可以为其下方的座位、溜冰场、水域甚至是木质饰面的人行天桥遮阴。

用于大型活动和会议的社交中心采用正方形平面。建筑的四角利用钢柱支撑起光伏模块，如同天地间的花朵接受阳光。

建筑物上的光伏模板，或是安装在连接屋顶框架的砌块结构上，或是利用配重物简单固定在屋顶上。在大广场的中央，光伏模板挂置于钢结构上，集成在两个街区的屋顶与南立面，恰好形成建筑表皮，围护公寓的外置楼梯。

该项目共安装了约 160kWp 的光伏设施，预计每年可发电 16 万 kWh，相当于每年减少 100 吨的 CO_2 排放。

其中，合资与私人住宅占有 76kWp 的设施，每套公寓都有约 1.4kWp 的独立光伏系统，能够满足多达 50% 的自身电力需求；住房协会与 ATC 公共住宅方占有 78kWp 的设施，为共管式公寓的公共部分提供电力（车库照明，楼梯等）。

同样，光伏系统还为社交中心以及广场

为公共空间提供阴凉的光伏雨棚
资料来源：© Comune di Alessandria

装有光伏板的社交中心
资料来源：© Comune di Alessandria

"光伏村"项目中面积较小的区域，由三个公寓安装了光伏屋顶的街区组成
资料来源：© Comune di Alessandria

照明提供电力。

这些光伏设施的总成本为 120 万欧元，其中约 70% 由政府项目"1 万光伏屋顶"提供。

因为项目对环境与可持续发展的重视，它获得了由意大利环境部 (the Ministry of Environment) 发起的可持续城市竞赛 (Award for Sustainable Cities) 的第一名，所得的奖金（大约 12.5 万欧元）也用于宣传环境知识以及发展环保项目（如电动车）。

对问题、障碍、解决方案与建议的总结

一项复杂的工程

"光伏村"是一项复杂的城市工程，涉及多方利益与多层次整合：首先，以多元化的干预方式整合多重的城市功能，例如公共与私人住宅的混合，社交中心与开放区域的配置；其次，个人与公共方面共同努力，整合更多的金融资源。

在开发集成过程中，为了明确各方角色，人们成立了建筑委员会 (the Building Council)，以协调各方工作。其中包括了该地区公共住房部门的参与者。现在，这个成功的理念正在意大利的其他城镇推广。

光伏系统的融资

光伏系统由意大利光伏屋顶计划 (the Italian PV roof programme) 资助，这是一项在建筑建造时就生效的融资计划。同时通过电力回馈政策，光伏系统还能获得 70% 的系统成本补贴。在这种情况下，地区的鼓励性经济支持不能及时发放就成为突出的问题。现在，意大利的光伏资助计划不同于以往的项目：政府对光伏发电采取了 20 年馈网电价政策。这其中，由电器管理委员会 (Gestore dei Servizi Elettrici (GSE)) 主要负责管理光伏系统电力的购买。

光伏与建筑的集成

亚历山德里亚"光伏村"是一项利用可再生能源的综合性城市再生工程。由于光伏技术的较晚实施，设计方不可能再将光伏设计融入结构设计中，所以项目中的光伏设施是附加于建筑主体之上，而不是与之相融合的。

城市和居民受益

这个试点项目的成功并不在于它所安装光伏设施的数量或是光伏设施的发电量，而在于整个过程的管理模式以及所有参与部门的协同合作。现在，每当世界各地的代表团参观亚历山德里亚"光伏村"时，当地的居民们都能感受到他们正居住在一个新兴的、重要的城市，并成为该创新型项目中的一分子。

日本，太田市，城西镇光伏示范区

西川小乡和江原智城

摘要

2002 年，为了研究大量光伏系统对电网分布的作用和影响。日本新能源与工业技术发展协会 (the New Energy and Industry Technology Development Organization, NEDO) 发起了城西 (Jyosai) 光伏示范区研究项目，为 553 套住宅安装了总计 2.13MWp 的光伏设施。这是目前国际上研究互联光伏系统对电网分布的作用中最有影响力的项目之一。

简介

太田市是关东地区一个工业城市，拥有大约 22 万人口。许多工厂坐落于此，其中包括日本重要的汽车公司富士重工。城西镇是

城西镇示范区总平面
资料来源：© NEDO

太田市中部的一个新兴居住区，也是这个光伏项目的示范区。

2002年，为了光伏并网，NEDO发起了一项新的R&D计划，其电力系统覆盖了几百户居民。项目旨在展示如何通过技术发展精确控制每一户的光伏系统，从而避免技术故障。

该研究项目吸引了来自各领域的相关人员的参与，项目领导者为Kandenko有限公司（Kandenko Company Ltd），这是一家电气工程与建筑公司。参与该项目的团队还包括Meidensha公司[Meidensha Corporation（电子制造商）]、电力工程系统有限公司[Electric Power Engineering System Company Ltd（电力顾问）]、Shinkobe电机有限公司[Shinkobe Electric

Machinery Company Ltd（电池制造商）]、Matsushita生态系统有限公司[Matsushita Ecology Systems Company Ltd（电子制造商）]、东京农工大学（Tokyo University of Agriculture and Technology）和太田市政府。后来欧姆龙公司[Omron Corporation（电子制造商）]、日本大学（Nihon University）和日本电力安全和环境技术实验室[JET, Japan Electrical Safety & Environment Technology Laboratories(官方电子设备测试组织)]也加入到这个项目中来。

选取示范区的两项参考因素为：

● 电压升高的充足空间（电压升高到一定程度时，功率调节器的输出控制功能会开始运行）。
● 合理安排测试设备的施工与安装。

光伏项目说明

项目中共有553套住宅屋顶上安装了光伏系统，其总容量达2.13MWp，大部分光伏系统被安装在新建住宅上，但也有一些安装在现有房屋上。光伏系统的安装从2003年12月开始，到2006年5月全部安装完毕。

项目初期将示范区规划为一个常规住宅区。为了将R&D的概念转变为太阳能发展理念，并使其符合光伏并网研究的要求，当地政府也参与到该项目中来。此外，R&D的概念被介绍给了潜在的购房者，同时项目发展计划得到改进，变得更符合研究目的。

对问题、障碍、解决方案与建议的总结

与公用事业公司的谈判

为了实施这项研究，光伏系统需要连接至常规电网（没有特别的保护设备）；因此，公用事业公司从安全角度提出了很多疑问。

城西镇示范区鸟瞰

以下是一些典型的问题：

● 如果反向电流导致电压过度升高，系统能否将输出电压控制在一定范围内？
● 如果配电线路发生故障，系统能否在规定时间内切断连接？
● 万一系统分配线路需要断电维护，系统能否在公用事业单位的指令下立即切断连接？
● 如果系统端发生故障，它将如何反馈给我们？

为了保障光伏系统安全运行，人们成立了由专职监测人员组成的全天候现场指挥室，另外也升级了综合控制系统，以便工作人员更好地监测与控制光伏系统。

尽管通过这些措施解决了公用事业公司的大多数疑问，但在解决第二项疑问时，仍然存在一些技术性问题。可喜的是，在项目开发过程中，这些问题通过新开发的变频技术得到了解决。基于该技术和项目取得的经验，公用事业公司现在正开始商议新的技术要求，以支持社区规模的光伏安装。

与业主的合作

既然项目注重研究，那么与业主的合作就显得尤为必要，否则很可能会给项目带来严重的危害。

因此，开发商为了寻求居民之间的合作，同业主们召开了多次解释性会议的同时，还与他们签订了合同，以避免产生不必要的麻烦。

必须说明的是：由于这是研究性项目，所有的开发成本都来自于研究经费，因此与常规的发展项目完全不同。此外，日本的公用事业公司在组织、结构和思维上也与欧洲或美国的不尽相同。在日本，通过先期的磋商了解事业动向是非常重要的。现在，这个为期六年的示范项目已经圆满落幕，而一个为期两年的新项目已经启动，将会继续宣传示范项目的丰富成果。

示范区鸟瞰

示范区鸟瞰

荷兰，阿姆斯特丹，纽斯罗登光伏住宅

亚德兰卡·查切和埃米尔·特尔·奥尔斯特

摘要

纽斯罗登的光伏住宅区是有史以来第一个真正意义上的大规模光伏住宅项目。在当地的电力部门阿姆斯特丹能源公司（the Energy Company of Amsterdam，即现在的 Nuon）的领导下，该新建住宅区安装了光伏模板。作为重要的城市光伏示范区，它为今后的项目铺平了道路，大量的技术问题第一次得到了解决。此外，许多缺乏光伏知识和相关经验的专家也参与其中，并得到了项目管理人员的协助。

该项目于 1996 年完工至今，已经积累了 12 年的相关经验。本案例分析将从该项目之初开始，并逐一介绍其经验教训。

简介

纽斯罗登光伏项目位于荷兰阿姆斯特丹西南部。项目目标是将光伏系统完全集成到拥有大约 100 幢住宅的新建住宅区中。光伏系统已在物质（太阳能元件取代了屋面瓦）、电力（并网发电）、组织形式（该项目已纳入当地发展进程中）等方面得到了集成。而项目中共有 250kWp 的光伏设施得以安装。

光伏系统由公用事业公司所有并操控。根据相关规范，在光伏模块下设防水层将房屋与屋顶分开。光伏模块产生的电量供该区域使用，但并非直接与它所在的住宅相连。

像阿姆斯特丹这样的高人口密度地区，城市规划并不总能保证房屋都朝向南面，因此该地区的有些光伏板朝向东面或西面。为使这些板获得更好的日照，因而降低了它们所在屋面的坡度。

利益相关方与附加价值

作为环保倡议的发起者，阿姆斯特丹能源公司（EBA）作为决策部门，领导了该光伏项目的全过程。1991 年开工时，EBA 任命了一位尽职的项目经理，来实施该地区 100 栋住宅规模的光伏项目。光伏项目的负责人的首要任务是确定实施光伏项目的开发区位置，他认为纽斯罗登地区是实现能源公司的太阳能项目的理想区域，并凭借这一项目获得了当地开发团队的支持。

在标准的开发过程中，公用事业公司只

阿姆斯特丹 纽斯罗登。建筑方：Duinker van der Torre
samenwerkende architecten，阿姆斯特丹
资料来源：© Norbert van Onna and Jan Derwig

需介入新区域发展的最后阶段，而在该项目发展的早期，公用事业公司就已经与市政机构开始了有效的合作。这就为光伏项目的实施创造了更好的条件和更大的可能性。该项目成功的重要因素是在地区发展团队中安排光伏项目经理。在这一案例的影响下，每当有创新型的建筑项目时，阿姆斯特丹当局都会邀请公用事业公司加入其中。

作为"兆卡"计划（THERMIE programme）下的光伏项目，欧盟委员会对其进行了补贴。项目其他合作伙伴还有：Ecofys 公司，纽卡斯尔光伏中心（the Newcastle PV Centre）以及分别来自哥本哈根、马德里和热那亚的三个环境组织 Miljokontrollen、Sermasa 和 ICIE。这些环境组织计划从项目中学习相关知识和经验，并将其运用于本国的类似项目中。

三家光伏公司针对光伏设施的提供和安装进行了竞标。在经过周密的分析与谈判后，政府当局最后与两家公司而不是一家达成协议。BP Solar 提供半数的光伏模板；R&S 系统（Shell Solar）提供另一半的光伏模板以及余下的组件。同时 R&S 还负责系统工程以及相关的整体交付。地产开发商是来自 Uithoorn 的建筑公司 UBA，而建筑

事务所 Duinker van der Torre 则负责设计光伏住宅。

在这个项目上，EBA 实现了多个目标并且在今后的城市光伏项目中发挥了重要的作用。但值得注意的是，20 世纪 90 年代初期只有极少数人相信光伏拥有美好的未来。这个项目说明：

● 即使是在荷兰这样偏北的国家，光伏系统仍然能够发挥作用。
● 光伏也可以应用于"标准化"的建筑中。
● 光伏项目的关键在于了解光伏集成，项目组织与市场开发。
● 全球各市场都已将光伏视为充满前途的技术，并在应用上得到了很多鼓励。
● 项目对于利益相关方也有积极的影响。
● 参与该项目的建筑师了解了组件的应用方法并能在今后的项目中运用这些知识。
● 公用事业公司掌握了居住区的光伏开发经验并相信光伏不会造成公共电网的混乱。这些经验被用来开发个人光伏住宅以及日后在荷兰的大规模项目。
● 业主喜欢光伏住宅的外观并且很骄傲能成为光伏能源的代表，同时更加了解太阳能发电。
● 房地产开发人员懂得光伏太阳能虽然不是购房时必须考虑的重要因素，但也绝不是阻碍。只要买家的基本需求得到满足，那么光伏住宅一样便于销售。
● 政府当局认为能源公司有能力完成环境与能源政策的双重目标。在此之后，还会有许多致力于节约能源、保护环境的项目，届时阿姆斯特丹当局会将能源公司纳入团队之中。

成本与融资

纽斯罗登的光伏系统总投资为 250 万欧元。其中 40% 由欧盟委员会的"兆卡"计划

阿姆斯特丹 纽斯罗登。建筑方 : Duinker van der Torre
samenwerkende architecten，阿姆斯特丹
资料来源 : © Norbert van Onna and Jan Derwig

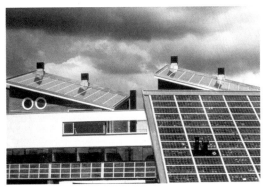

阿姆斯特丹 纽斯罗登。建筑方 : Duinker van der Torre
samenwerkende architecten，阿姆斯特丹
资料来源 : © Norbert van Onna and Jan Derwig

进行补贴，9% 由荷兰国家能源局 Novem 承担。余下的由阿姆斯特丹当局出资，项目的合作伙伴来自哥本哈根、马德里和热那亚，同时元件供应商 Shell Solar 和 BP Solar 也为项目做出了贡献。需要提及的是，当时 EBA 由市政当局持有，这就解释了为什么投资人是政府而不是公用事业公司。

系统概念

在该项目开始之前，EBA 研究了许多在该地区实施 250kWp 光伏系统的替代方案，包括在轨道交通中利用光伏系统。而其中需要考虑到多个方面 : 光伏电力的利用，系统的电气配置，光伏屋顶的机械结构以及成本等。

在历经详尽的调研之后，一致认为在新开发的住宅项目利用光伏发电是最佳途径。因此进行了可行性研究，分析了三种不同的系统概念 :

● 一户一系统 : 100 套单独的系统 ;
● 一街区一系统 : 6 套系统 ;
● 一地区一系统 : 1 套单独的 250kWp 系统。

分析得出一个最终方案 : 一套地区级别的系统是最经济、最具有吸引力的。纽斯罗登的经验表明私人业主更关心长期使用光伏系统带来的维护费用，似乎只有在系统的维护成本明确以及安装方提供维修合同的前提下，才会打算将光伏屋顶纳入到他们自己的责任范畴中。

与建筑及房屋施工的结合

纽斯罗登的地产开发区大约有 100 套住宅，其中 34 套阶梯状住宅安装有屋顶光伏（西，南以及东向）而之后以 U 形排列在更远处一些平屋顶住宅（没有光伏系统）的周围。北面是包含 37 套寓所的公寓楼。光伏安装在南面的幕墙，主要屋顶以及两座阁楼的屋顶上。

光伏系统的实施已纳入到开发阶段，因此建筑师将能够同时考虑光伏系统的正常运转以及建筑视觉美观两个方面的要求 :

● 住宅增加沿屋顶开辟的窗户，就像屋顶窗一样（屋顶扩建在荷兰十分常见，但是这种形式难以运用光伏技术）。

- 选择与光伏构件相似的颜色作为包裹材料的颜色。
- 将所有的烟囱都控制在标准高度以下，以免遮挡光伏阵列。
- 调整屋顶结构，使其便于安装光伏元件，同时使得光伏模块下有空间便于通风。

光伏阵列完整地覆盖在光伏公寓的单坡屋顶上。

在这个项目里，太阳能元件代替了传统屋顶。因此，作为光伏系统的拥有者，公用事业公司必须保证屋顶的防水性。他们必须

阿姆斯特丹 纽斯罗登。 建筑方：Duinker van der Torre samenwerkende architecten，阿姆斯特丹
资料来源：© Norbert van Onna and Jan Derwig

完成光伏屋顶的防水要求，这一要求与光伏系统总安装工程是密不可分的。

随着住宅屋顶木结构替代了屋面瓦，光伏安装技术也随之改变：标准铝制框架被固定在竖直面上，模板组群由电缆连接，置于框架之间。

烟囱集成了一块相同尺寸的太阳能板。而且降低烟囱的高度以此减少对模板的遮挡。

元件

这个项目使用两种太阳能元件，包括1586块由BP公司提供的元件，总峰值功率达到113.6kWp，以及2821块由Shell公司提供的元件，总峰值功率达到136.8kWp。供应商分别提供并检验了这两种元件能保证的最低供电量，利用这些元件试验结果，项目把所有相似元件分组并使其成串，从而优化产量。

电气设计和并网发电

纽斯罗登的光伏系统包含了四个子系统。其中住宅以及公寓楼的光伏屋顶接入一个150kW的大型逆变器(SMA制造)。公寓楼的幕墙接入3个5kW的主从布置逆变器（SMA制造）。阁楼的屋顶接入了一连串四个独立的1800W的光伏逆变器（屋顶上）。SMA逆变器全部位于该地区的中央广场的逆变器室。其交流端经由低压汇流线传送至配电站，以此将电力输送至各区域里。

光伏系统在某一处接入公共电网，就使得整个地区都能利用太阳能发电。因此电能的质量必须满足荷兰能源署（the Dutch energy federation Energiened）对分散式发电的要求。

电能在某一处以低电压的形式输入公共电网。并且，在系统安装之前，项目方已经考虑到了光伏系统输出端与当地电力需

求之间的波动关系。在夏季大部分住户都外出休假时，可能出现极端状况：此时光伏系统的发电量达到峰值而本地区的电力需求为零。这种情况出现时，光伏系统产生的电力会通过公共电网分散至光伏地区以外的用户。

为了找出太阳能发电与电力需求地区之间的关系，项目人员对纽斯罗登地区的电压家政管理进行了彻底的分析。其结论是：该地区的用电需求量远高于光伏地区的发电量。只有在极少数情况下，用电需求会低于光伏的发电量。这时，太阳能产生的电量将会分配给相邻地区。这样光伏系统就不会影响到公共电网。这些知识后来被运用到海尔许霍瓦德（Heerhugowaard）"太阳城"（Stad van de Zon）项目的开发过程中。

监控

纽斯罗登地区光伏系统的预计年平均发电量为 160～180MWh。然而，从 1997 年 8 月到 1998 年 7 月，实际监测情况却比预计要高（实际输出比率 76.5% 高于预计输出比率 72.5%）。这些统计是基于对模板瞬时测试的结果。

电能监控表明：

● 东西向的光伏阵列发电量明显低于南向阵列，因此总的发电量下降了 4%。
● 虽然不同朝向的光伏元件对同一逆变器的耦合存在 1% 的偏差，但符合项目准备阶段时计算机模拟的结果。
● Shell 与 BP 的光伏元件在性能上没有差异。
● 将不同朝向和型号的光伏元件输出到同一中央逆变器中使得发电量减少了 1%～5%，不过这些都通过更低的造价进行弥补。
● 光伏阵列的温度超过预期 3%～5%，从而导致了能量损失。

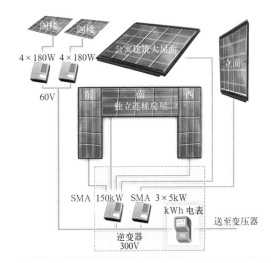

阿姆斯特丹 纽斯罗登的电气方案
资料来源：© Energiebedrijf Amsterdam

● 烟囱对光伏屋顶的遮挡导致 3%～4% 的能量损失。

维护

纽斯罗登地区光伏系统的维修由系统所有者负责，之前是 EBA，现在则是能源公司 Nuon。为了对变压器进行远距离跟踪，并确保装置安全运行，项目方对系统进行了在线监控：所有的配电盘里都装配了三个指示计［直流过载保护（压敏电阻）、直流隔离控制逆变器、烟雾警报］。该地区的每一个光伏阵列都配备有一个配电盘。

目前为止唯一的一次维修出现在运行的头两年：

● 由于严重的故障，SMA 5000 型逆变器不得不进行维修。幸好有逆变器保障进行担负，因此除了一些保险丝进行更换外，到 2008 年 5 月都没有再发生其他的电力故障。
● 住宅的光伏屋顶出现了渗漏情况，解决方法是利用光伏元件形成防水层，但由于低缓的屋面坡度，该方法实际上并不可行。最后的解决方案非常极端：拆下所有的模板，在木结构屋顶上设置防水层。然后再将模板放回原位。维修费用最后由能源公司 Shell Solar 和 Novem 分摊。

得到的经验

建筑设计与城市规划

建筑师们认识到，在清楚地了解太阳能建筑各组成部分的详细数据后，在设计中引入光伏系统并不是难以实现。同时他们还认识到，光伏系统需要在设计初期就加以考虑，因为屋顶或者幕墙上的光伏位置可能会与其他功能（如通风、烟囱等）或日后某些功能（如窗户、老虎窗所需的空间等）产生冲突。

城市规划师们发现，在规划阶段，就应该优化街道的走向（尽管这么做十分困难）以及屋顶的高度、坡度，以尽早配合光伏系统的设计和装配。事实上纽斯罗登的光伏项目开发和光伏与城市规划的整合已经有些晚了。

景观师们参与这个项目时，还对光伏屋顶的视觉效果表示怀疑，不过现在，他们对光伏系统的外观相当有信心。

施工

屋顶光伏系统的安装工人需要精通安装与铺设屋顶两方面的技术。因此光伏公司认识到在屋顶上安装光伏设备与以往在场地上安装完全不同，但这项技术未能及时发展。光伏公司还认识到，他们无法在复杂的房地产市场中实施一条龙式的交付服务。

即使非极端天气条件下，纽斯罗登的一些光伏屋顶也不能有效防水。尽管之前在实验室对设计进行过测试，但是真实条件比实验室中的屋顶测试条件极端得多。事实上，屋顶的实际长度为 8m、坡度为 25°，而测试屋顶的面积为 2m²，坡度为 45°。此外，屋顶构造由两部分组成，这意味着在屋顶中央有一条竖缝，水会顺着这条缝流入室内。

不过在纽斯罗登地区，某些屋顶（坡度为 36°、最大长度为 6m)的防水效果是不错的，而这种屋顶上的光伏屋面构造与漏水屋顶的构造是相同的。

问题最后通过将防水层设置在光伏屋顶下方的方式而得以解决。这个方法也被运用在荷兰之后所有的光伏屋顶上。问题的公开能够引起开发人员的高度重视和对风险的认知。防水层的质量自始至终都是需要关注的问题，因为人们就生活在光伏元件之下的房间里。

项目管理和协调

在项目管理和协调问题上，一方面，作为整个城市发展团队里的中坚力量，项目经理理解他或她自己的重要性。另一方面，其他所有的相关利益方都必须明确，他们必须充分参与到项目之中并对其负责。项目经理应该以全局性的眼光看待各方意见，避免产生分歧，同时加快项目的进度，也有助于避免项目成员离开团队时产生的问题。

项目发展的不同阶段会遇到不同的问题，虽然有时只是次要的细节，但仍然会阻碍地产开发商、建筑师以及空间规划师深化项目的正常思路。在光伏项目经理与问题方之间的会议中，这类问题不断地被讨论（和解决），这一因素也促成了该项目的成功。

所有权

光伏项目属于公用事业单位 Nuon，而不是业主们。这意味着只有一套系统需要人操作，且仅一个团队负责运行和维修，相比成百上千的业主们去担负每个小系统，这是相当成功的。否则，业主们就会因为难以为他们不甚了解的光伏设备负责而担忧。

恰当的细部设计

光伏作为建筑行业里的一项新技术，人们还完全没有掌握处理细节问题的方法，因而必须加倍努力来处理这些细节。例如：

- 合约必须指出如何处理电力供应中的漏电或破坏这类技术风险。
- 更多的注意力需要放在培训以及太阳能发电的相关知识上。
- 在荷兰，保险公司没有针对光伏提供特殊的保险计划，因此运作这一方面保险非常复杂。在未来，项目方应该及早与保险公司取得联系。
- 为避免更长更多的电缆和架线，监测和保险熔断设备应该紧靠光伏线束。

光伏还没有成为标准规划程序的一部分

为增加光伏系统，项目对原设计进行了修改，但修改后的方案没有通过规划部门的审核，为此纽斯罗登的项目一度接近崩溃。为了避免类似的情况再次发生，最好的方式就是在新城区的发展阶段将光伏融入标准过程中。

好的声誉，更好的承诺

纽斯罗登的系统的实现，是以市政当局、房地产开发商和光伏住宅的居民的良好声誉为基础的。良好的声誉使得公用事业公司实现本项目成为可能。从共同利益的角度出发，政府、议会、公用事业公司和业主分担责任和成本是值得的。

荷兰，阿默斯福特，纽因兰 1MW 光伏项目

亚德兰卡·卡切和埃米尔·霍斯特

摘要

1999 年，在阿默斯福特市的纽因兰扩建区域中的沃特克瓦迪尔（waterkwartier）地区，建成了世界上最大最完整的城市型光伏项目。

阿默斯福特政府与当地的电力公用事业公司 REMU 一道发起了该项目。作为城市尺度的光伏示范项目，它常常被用做展示案例，并时有参观者来访。然而，项目实施后荷兰政府终止了支持可再生能源的政策，导致项目进程中开发商和建筑师们获得的经验很难再次被用于实践。

该项目包含 500 多套住宅、学校和运动设施，其幕墙与屋顶上安装有面积约为 1.23 万平方米、总计 1.35MWp 的光伏板。该项目在城市规划阶段就考虑到太阳能优化，通过合理的用地划分，为以后太阳能板的安装预留出尽可能多的屋顶空间。项目团队中所有的城市规划师、建筑师和开发商们也为实施太阳能项目通力合作。该地区在发展光伏建筑的同时，还建起了一座信息中心。它由电力公司 REMU、当地政府和积极参与的房地产开发商联盟合作设立，用于研究消费者节能方面的意识和行为。

简介

这一由能源公司 REMU 发起的项目有如下几个目标：

- 阐明在地区层级中应用太阳能的影响；
- 减少实施大规模太阳能发电的开支；
- 了解各种形式的所有权和管理模式；

纽因兰的 Waterwoningen 地区
资料来源：© H. F. Kaan

- 掌握建筑相关方面的经验；
- 了解与城市尺度项目相关的其他方面。

REMU 还同阿姆斯特丹能源公司合作，其正筹划在纽斯罗登地区开发装机容量为 250kWp 的项目。

场地被划分为 12 个开发区域，每个开发商都单独承建自己的建筑。其中只有一部分的建筑师参与过之前的光伏项目，拥有相关经验。每个子项目的开发商都与 REMU 单独签订合约，以此为光伏系统的交付，实现一条龙式的服务。

太阳能系统被安装在独户住房、公寓楼、学校和运动场馆等不同类型房屋上，研究安装条件不同、所有制形式和管理模式不同时的系统效果，是项目主要目的之一。

项目住宅归私人所有或经由房产公司对外出租。住宅屋顶的光伏系统则归能源公司或业主所有。住户只需要在屋顶上为太阳能公司预留出空间，作为补偿，就可以免费使用 20% 的发电量（根据估计）。如果业主承担屋顶上光伏系统 25% 的成本，就可以免费使用全部的发电量。

后来，REMU 合并成更大的能源公司 Eneco，负责为期十年的系统维修。在 2008 年夏季之后，Eneco 和居民们为下一个十年制定了新的计划。

项目组织

1992 年，当沃特克瓦迪尔地区开始发展时，阿默斯福特当局有着宏伟的环境目标，且被迅速传达给了该地区的地产开发商。为了促进长远发展，当局任命环境研究和咨询公司 BOOM 为环境监督方。此外，当局还提供 180 万欧元的预算，支持项目完成环境目标。

当时，荷兰政府要求能源公司发展他们自己的能源与环境保护项目，其他的能源公司则要投身于风能或者垃圾发电，而 REMU 选择了致力于太阳能发展。REMU 作为项目的主要投资方，对整个项目全权负责。每建立 1MW 的项目成本预计为 860 万欧元。能源公司 REMU 不仅希望获取大规模光伏应用的经验，而且对高强度光伏对公共电网的影响抱有极大兴趣。REMU 还相信，尽管光伏住宅采用非标准屋顶，而且相较传统房屋更加昂贵，但依然有销售市场。此外，REMU 启动这个项目，也为以后开发太阳能技术提供了保证。

该项目中，REMU 申请并获得了欧盟"兆卡"计划提供的补贴，同时得到了在大规模太阳能项目中经验丰富的意大利公用事业公司 ENEL 的帮助。

Novem（现在的 SenterNovem，隶属于经济部的荷兰可再生能源机构）也为该项目提供支持。Novem 的主要目的是了解如此大规模的太阳能系统在城市规划、建筑学和并网方面投入应用之后，造成的技术和社会影响，可能遇到的阻碍、问题和解决方法。

城市规划与建筑的整合

环境监管方、顾问公司 BOOM，负责为实施如此大规模的太阳能发电创造有利的地面条件。其最显著的贡献就是改变了城市规划中住宅的原有朝向。起初，住宅沿东西向布置，太阳能发电量有限。在 BOOM 介入后，沃特克瓦迪尔的城市规划有所改进，使得更多的住宅沿南北向布置。

BOOM 还针对当局确定的环境和可持续

的目标，提出了一套研究方法，从而让对太阳能发电没有经验的参与团队，了解到具体的建筑解决方法的必要性。

项目实施过程中，设计方将"太阳能因素"纳入到早期考虑范畴，使得该城市开发区中，每套住宅都拥有 $20m^2$ 光伏板，以这种方式分散目标安装的光伏面积，使尽可能多的屋面装有太阳能板，由此，至少有 500 套住宅达到了 1MWp 的光伏安装量。

REMU 和咨询公司 Ecofys 合作，进一步明确了光伏住宅的要求，将太阳能模板集成于建筑，该理念经过反复证明，效果明显。项目的指导方针也向朝向、坡度和通风方面发展，由此设计出的光伏建筑展示了多种光伏集成形式，朝向多在东南和西南之间。

纽因兰的预制光伏屋顶
资料来源：© H. F. Kaan

纽因兰的泽西（Jersey）地区
资料来源：© H. F. Kaan

学校屋顶上每片光伏板替代了四片标准的屋面瓦
资料来源：© H. F. Kaan

在某些地区的建筑中，太阳能元件替代了屋面瓦，而在其他地方，则用作建筑表皮或遮阳设备。其倾斜角度在 20°到 90°之间不等。项目中一些光伏模板被安装在屋顶上，其安装位置的构造符合屋顶构造标准，这些屋顶的防水性通过太阳能板下的防水层得到了保证。

该项目包括 550 套住宅、一所小学、一所幼儿园和一座体育馆。此外，光伏还应用于连接两排独栋住宅的太阳能门户。

光伏阵列

纽因兰地区使用的光伏元件由 Shell Solar、BP Solarex 和 RBB 提供。针对光伏的特殊目的（如公寓楼的遮阳），还使用了 Shadovoltaics 系统。用于太阳能门户和体育馆的半透明模块则由 Pilkington Solar 提供。

根据供应商的瞬时测试结果，性能相似的模板被分为一组用于电缆安装，而系统成本也基于瞬时测试，平均交付价格为 6.9 欧元／Wp。

大多数的太阳能板被集成在单一的铝制型材结构中。在水平方向上使用了远端有排水槽的非对称 H 形截面构件。该构件被固定

在模板较长的一端。下面的模块被推入 H 形截面的下部。在这一端，有一个针对光伏板设计的膨胀缺口，留出供屋顶结构位移的空间。在垂直方向上，模板被固定在标准构件的两部分之间。

在该项目的 10 所学校和 23 套其他的阶梯状住宅中，RBB PV700 系统是和 RBB 模板组合使用的。这些模板与四片标准的屋面瓦有着相同的尺寸。

电气设计和并网

纽因兰的项目设计基于住宅个人光伏系统，其容量介于 0.8kWp 到 4.4kWp 之间。每一套住宅都有自己的逆变器和植入式电表。逆变器的主要供应商是 Mastervolt 公司和 ASP 公司。

下面的插图显示了个人光伏系统的电气配置。逆变器通常放置于阁楼上。那里还安装了两个相互独立的电表，一个用于计量光伏发电，另一个用于计量电力消耗。

太阳能系统产生的电量被供应给公共电网。在项目准备阶段，REMU 分析了该地区与发电量有关的潜在问题。为了避免这些问题，特别是这些集中在大多数业主外度假的夏季的问题，REMU 为当地电网提供了一些适应办法，包括：在低压电网中采用更大负荷的电缆和变压器（一个 630kVA 和两个 400kVA 的变压器取代了原有的一个 400kVA 和两个 250kVA 的变压器）。

截至 2008 年，电网连接中没有出现任何严重的问题。

维护

REMU（现在的 Eneco）现已全权负责光伏系统今后十年间的维护。

最初建立了实验性质的光伏系统性能保障和维护系统。在初期的两三年间，该系统

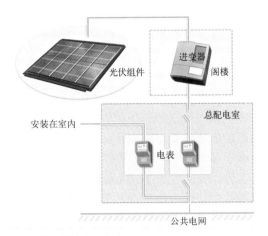

个人光伏系统的电气设计
资料来源：© Horisun/Rencom

运行良好，另有一家顾问公司负责监控光伏住宅的性能。在第一年中，出现了许多和屋顶渗漏有关的问题，逆变器也发生了故障。所幸，这段时间内产生的所有问题都得到了解决。

然而，几年之后这一保障和维护系统不再起作用了。导致其低性能和故障的因素有很多，比如树木的遮挡或者屋顶的渗漏。此外，一些提供设备的公司不复存在，导致最初的担保也很难得到保障。

总之，维护体系无法保障所有的光伏系统都良好运行。目前能源公司 Eneco 负责大部分的维修工作，但事实上，在并入 REMU 后，公司就弱化与光伏之间的关系。虽然 Eneco 继续对问题做详细记录但只负责一年的维护工作，具体包括光伏与屋顶的集成（此方面出现了一些问题），以及提高技术质量和光伏性能。从 2003 年到 2007 年只进行过小规模的维护，因此光伏系统的性能大幅下降。

得到的经验

Ecofys 顾问公司和乌德勒支大学负责技

术监督。鹿特丹大学则研究和汇编了该大规模的光伏项目的参与者的经历，其中包括对纽因兰的建筑师和租户的采访。本章对该项目取得的经验教训进行了回顾。

建筑和构造

人们对纽因兰项目的大体印象是：一个兼具吸引力与多样性的光伏建筑成功案例。

建筑师们从该项目中得出了以下结论：

● 太阳能的应用给当地的空间设计带来了压力。这意味着除了平屋顶建筑以外，其余的街道必须沿东西走向进行布置。

● 光伏屋顶对光伏住宅的设计的要求显而易见，因此建筑师们在设计光伏住宅时需要将这些要求纳入到考虑范围中。

● 无法简单地用光伏板代替屋面瓦，因此还需要一些额外的措施（适合屋顶结构的防水层或者防水截面）。

● 防水层的引入影响了建筑的建造过程。在铺设防水层之后，从上面走过的建筑工人对其许多位置造成了损伤。

● 每个新项目都意味着（一些）新团队的参与。这些团队很可能对光伏没有任何了解和／或经验，但重要的是要告知他们光伏知识，尤其是对他们负责的项目部分很重要的知识。

● 一些开发商希望光伏住宅的外观表现得更为传统，但建筑师们很难将高科技外观的太阳能板融入传统住宅。

● 建筑师们寻求更多颜色、不同规模和结构的太阳能光伏板。同时需要配套附件，如结构、边缘和拐角的紧固件。他们希望更多的选择能够刺激创造力并扩充其应用领域。

● 为了实现光伏总量的目标需要承受极大的压力，也无法再推进其他对于拉动经济以及环境保护有潜在作用的措施。

最主要的教训是，首先，在城市规划阶段整合光伏设施并不存在任何问题。即使在城市规划的后期，也可以修改规划方案，但最好的方式还是从一开始就将太阳能因素考虑进去。其次，建筑师们完全可以胜任光伏系统的设计工作。最后，最重要的是为他们提供足够的相关信息。在该项目中，一个针对建筑师和开发商们的帮助平台得以建立，在整个住宅开发阶段，他们都可以致电寻求帮助，也因此获得了充足的信息。

在之前的纽斯罗登的项目中，出现了很多关于渗漏的问题，这使光伏公司 Shell Solar 认识到，对该项目来说，没有必要将屋顶的防水层与光伏太阳能屋顶进行结合。

运行和维修

除了项目之初逆变器发生故障以及电缆连接失败外，项目没有发生大的电力问题，特别是没有对电网质量产生负面影响。

但 Eneco 仍需面临许多问题，其中的主要问题集中在大量、分散而多样的光伏系统的产权和维护方面。这远比初期设想的要困难。尽管目前还没有给定最终结论，但是很明显这些问题必须得到解决，因为次优或模糊的产权以及维护不力都会在项目的整个生命周期中产生很大的问题。

在全世界范围内，纽因兰 1MW 光伏项目都是该领域的首例：此前从未有过如此大规模的光伏项目。从建筑的观点来看，项目的多系统设计以及整合形式均获得了成功。然而，光伏系统的后期维护工作却比预期的更加费时费力，而且似乎远没有结束。

事实说明，每年的监督和检查（项目当前实施状况）无法把系统的停机次数控制在可接受的水平）。从 2003 年到 2007 年，只进行过小规模的维护，因此系统性能逐年下降。

住户

项目方要求住户们总结光伏住宅的优势与不足。他们列举了以下优势：低电费，高房屋价值，且为绿色能源发电和环境保护做出贡献。另一方面，他们也列举了以下不足：

● 项目开始的很长一段时间里需要不断进行维修（漏水和逆变器的问题）。
● 长期的成本与责任的不确定性。如果 Eneco 提出接管光伏系统。那我们的责任是什么？什么是维护成本，（我们）有什么好处？
● 无法在光伏屋顶上进行屋顶扩展。
● 某些屋顶没有明显的界线。例如在邻居之间或者业主与 Eneco 之间。
● 某些监测单元没有正常工作，因此住户不确定这是否意味着他们的系统也没有正常工作。他们没有监测系统的用户指南。此外，他们也无法向 Eneco 咨询相关的问题，因为 Eneco 方面没有可以直接联系的人。

交流

1997 年到 2000 年，通过与 REMU 以及当地政府进行良好交流，住户们对光伏系统有了基本了解。然而，后来的住户却并不知道有合同，也不了解光伏系统。如今，这个深入人心的项目已进行了十年时间，除了屋顶渗漏之外，光伏系统的故障以及低性能并没有受到关注。

Eneco 一直为居民提供相关工具对光伏系统的性能进行检修，包括家庭显示器（数据记录仪），或利用互联网服务对系统的性能进行跟踪，所以现在大多数的光伏住宅都配有监测系统。然而，居民并未反映有重大的错误。这和他们的"产权缺失"、无责任感（他们没有进行投资）且缺乏实质性的金融反馈（没有高额的馈网电价）有部分联系，不过，像不知道打电话询问谁，或者仅仅是当他们有需要时没有及时回复这类简单问题，才是他们报错的主要原因。

来年，Eneco 公司将通过改进维护质量和提高服务水平，来提高居住者与该项目保持长期合作的兴趣。但由于居住者对 Eneco 公司的信心并不大，所以这项计划能否成功还未可知。

结论

纽因兰已成为城市规模化光电技术的一个成功范例。该项目的团队建立起它并对它进行了有效的管理，让它成功地融入城市规划进程和建筑设计中，使光伏系统在向电网持续供电的过程中不产生任何问题。然而，随着时间推移，问题逐渐积累，业主们对提供给其的服务也一直不满意，因此，目前该项目的前景并不明朗。

该项目启动后，一方面由于荷兰政府对光伏系统的支持逐渐减少，接管 REMU 的 Eneco 公司对其并没有如前者那么大的兴趣，另一方面也由于该项目本质上具有开创性，小系统数量众多，并且所用设计和集成的方法多种多样，导致光伏系统的使用和维护更加困难，成本也比预期中昂贵。此外，能源公司与住宅居民之间的交流也逐渐减少，居民们反映该公司没有提供联系人。因此，加强交流、管理和维护将对这个世界知名项目的未来至关重要。

荷兰，HAL 地区，"太阳城"

马塞尔·埃尔斯维科，亨克·卡昂和卢卡斯·布雷恩达尔

摘要

荷兰的海尔许霍瓦德（Heerhugowaard）、阿尔克马尔（Alkmaar）和兰格蒂克（Langedijk）地区，即阿姆斯特丹北部约 40 千米处所谓的"HAL 地区"，目前正在建设一个新城区，并拥有在当地安装总装机容量为 5MWp 的光伏系统的宏伟计划。

正在安装 3.6MWp 光伏系统的"太阳城"（Stad van de Zon），是计划竣工后拥有 5MWp 光伏系统的 HAL 地区的一部分。这个新镇由海尔许霍瓦德直辖，有约 2500 栋住宅。作为世界上最大的城市规模光伏项目之一，该项目既鼓舞人心，也极富挑战性。如此大规模的项目需要很长的时间去实施，其发展方向可能会难以引导，并容易受政府政策变化的影响。可由于 HAL 地区顾问机构中的所有利益相关者（三市政府、北荷兰省、能源供应机构、荷兰能源研究中心（the Energy Research Centre of The Netherlands）和咨询公司在一定程度上都有所参与，因此即便政策有所调整，或者预期资金有亏损，该项目仍能继续进行。

简介

荷兰的高人口密度意味着：设计并建造全新的城区将是未来荷兰城市发展进程中不可或缺的一部分。新城区的设计包括了缜密的空间规划，这一复杂的过程由国家政府着手实施。政府在白皮书里将未来城市重点发展的地区分配给地方上各省，后者（在该案例中是北荷兰省）对这些区域的后续发展与协调发展将起到很大作用。

其中一本白皮书将位于北荷兰省的海尔许霍瓦德、阿尔克马尔和兰格蒂克三市之间，缩写为 HAL 的地区，规划为未来城市发展中的住宅用地。

该省和 HAL 地区内的三个市政府，对建筑工程质量、居民生活质量以及最为重要的节能和 CO_2 减排方面，都表现出极大的信心。

海尔许霍瓦德的"太阳城"

资料来源：© Gemeente Heerhugowaard, Harry Donker

早在 20 世纪 90 年代 HAL 地区开始发展时，其光伏系统的建设就得到了一个由荷兰经济部（the Ministry of Economic Affairs）提供资金、荷兰国家能源署（Novem）进行协调的国家太阳能研究项目的强有力支持。因此，一个以光伏系统为核心，结合低能源需求，并对被动式太阳能和太阳能热水加以利用的低能耗住宅区，成了必然的选择。另外，持有 HAL 地面大部分项目的开发商，在建筑工程质量和居民生活质量、能源和 CO_2 减排方面，也有着与他们类似的想法。

兰格蒂克、阿尔克马尔和海尔许霍瓦德三市的光伏系统是分开安装的，三市的安装量分别为 0.4MWp（2004 年基本竣工）、1MWp（2003 年竣工）和 3.6MWp（2009 年竣工）。

"太阳城"的发展

1989 年：卡斯特里克姆（Castricum）的太阳房 "Zonnehuis"

建造"太阳城"的想法萌生于 1989 年，当时在距海尔许霍瓦德 20 千米的卡斯特里克姆市建起了荷兰第一座离网式太阳能住宅（off-grid solar powered house）。由于其户主与北荷兰省政府合作从事可再生能源方面的工作取得了不错的效果，所以该省想要推动复制这一项目。海尔许霍瓦德是为数不多的拥有能源协调员的城市之一，他们的主要任务是提高市政楼房的能源效率，并与所在省的可再生能源部门保持紧密联系，从而在省市间建立起非正式联系，这有利于共同发展更大规模的太阳能项目。

1991 年：按比例增加到十幢联排住宅

荷兰的第一个多住宅光伏发电项目(multi-house PV project)建立在海尔许霍瓦德市，该项目由该市住房部门提出，目的是为了降低租户生活成本。由于能源支出是当时日常花费的重要组成部分之一，所以降低能耗既有助于降低生活成本又有利于环境保护。此外，当地的项目开发商和建筑承包商想要尽可能多地开发低能耗住宅，为此，他们与市政府、省能源部门和未来租户合作，为社会租房人群设计并建造了十幢联排太阳能住宅（布特海尔森（Butterhuizen）项目）。

通过选出自愿住进太阳能房的未来租户并让他们参与规划进程的方式，该项目实现了与租房者们的互动。1991 年 12 月，官方正式为其立项。

1991 ～ 1993 年：海尔许霍瓦德、阿尔克马尔和兰格蒂克合作开发 HAL 地区

1992 年，应省里要求，海尔许霍瓦德、阿尔克马尔和兰格蒂克三市政府开始合作开发 HAL 地区。在早期的一次讨论三市政府之间可行合作方式的会议上（1993 年），海尔许霍瓦德市请来了国际知名规划师 Ashok Bhalotra，他提出了一个主要依赖被动式太阳能技术的城市规划草案。在此基础上，HAL 地区有了规划结构草图（在荷兰的规划程序中，结构草图是规划师设计意图的直观表达）。"太阳城"（这是 Bhalotra 采用的名字）的发展终于看到了一线曙光。

1997 年："太阳城"发展要求明细表出台

1997 年，"太阳城"地区的发展要求

1992 年在海尔许霍瓦德实现的布特海尔森项目包含十幢住宅，总输出量达 24kWp
资料来源：© H. F. Kaan

明细表出台后，"太阳城"的理念进一步发展。环境因素在表中处于优先考虑的地位，因此，该地区在代尔夫特理工大学（Delft University of Technology）城市环境设计系（Environmental Urban Design）教授 Cees Duijvestein 的帮助下，完成了环境质量规划草案。此外，国家的关注点也越来越向 CO_2 减排转移，政府也不断为这一领域的开创性举措提供资金支持。

由荷兰能源环境署（the Dutch energy agency Novem）支持的一项就如何确定最佳能源基础设施的研究，使人们开始设想建设一个真正实现碳平衡的地区。该地区对能源需求相对较低（建筑的能源绩效必须是建筑规范要求的两倍），且能源由光伏系统、甚至由风力涡轮机产生。

发展要求明细表由城市规划进程中的大约 30 个参与方共同起草。像这样让未来的合作方参与项目早期的设计和开发，对于减少未来发展的阻力具有重要意义。该项目名称中所展现出的美好前景，让政府官员、参与团队和公民们都充满热情，因此在政治决策过程中几乎没有任何异议产生。两位市政议员主要对该项目负政治责任，相关部门的经

理和项目开发人（也是"太阳城"规划建设用地的所有者）提供相应支持。

1998 年：城市设计中的光伏系统：开发和融资

在详细的城市规划和建筑设计开始之时，政府就组织建筑师和光伏系统制造商建起了一个光伏工场，在那里完成了设计草案并将其整理成书。光伏系统的融资模式和金融替代品的发展，使得该项目必须在有补贴的情况下才能实现，而这些补贴须从欧盟委员会（其监管"太阳城"市项目的部门）、荷兰能源公司（当时的一个公共机构）、北荷兰省和荷兰政府处获得。

"太阳城"理念的最终实现

这个总发电量为 5MW 的光伏项目在阿尔克马尔（1MW）、兰格蒂克（400kW）和海尔许霍瓦德（3.6MW）三市都分别有几期工程，北荷兰省和荷兰能源公司参与了这些项目的全过程。

项目的发展稳步推进。其位于海尔许霍瓦德和阿尔克马尔的部分分别于 2008 年底和 2003 年竣工。由于兰格蒂克最后一期工程在 2008 年三月才获得政策性拨款，因此项目的

这一部分还没完工。

迄今为止，这个总发电量为 5MWp 的项目已经吸进了 5 个开发商参与进来，且他们在光伏发电技术方面获得了相关经验。

来自荷兰高柏伙伴规划园林建筑顾问公司（Kuiper Compagnons）的 Ashok Bhalotra 既是"太阳城"的开发人，也是 HAL 地区的建筑主管。另外，还有九家建筑事务所也参与到这个 5MWp 的项目中来。

近年来，这个总发电量为 5MWp 的项目由于其创新水平高，且为其他城市政府树立了榜样，而获得了众多国家级奖项。

对问题、障碍、解决方案与建议的总结

早前（1996 年）在荷兰另一个城区阿默斯福特－纽兰德（Amersfoort－Nieuwland）进行了总发电量为 1MW 的光伏发电项目，项目中所获得的光伏系统安装经验，对"太阳城"的发展起了很大的作用。这两个项目中的城市设计由同一位建筑师（Bhalotra）完成，但相比之下，两者间还是存在一些不同点。在纽兰德和"太阳城"第一期工程所在的兰格蒂克，光伏系统归公用事业单位所有，而在阿尔克马尔和海尔许霍瓦德则归房屋居住者所有。一开始业主们对该项目的兴

海尔许霍瓦德的"太阳城"
资料来源：© Gemeente Heerhugowaard

"太阳城"中安装了光伏系统的住宅
资料来源：© Gemeente Heerhugowaard

由海尔许霍瓦德市政府所建，代表"太阳城"的信息中心
资料来源：© Hespul

趣并不是很大，但光伏系统的使用能降低用电成本的事实增加了他们对这件事的兴趣。在阿默斯福特－纽兰德，项目的领导者是公用事业公司（REMU），而在海尔许霍瓦德则是市政府。起初，海尔许霍瓦德市公用事业单位（Nuon）的态度相当勉强，但随着项目的推进，它与市政府合作的热情也越来越高。

从纯技术的观点看，该项目的设计和实现过程并没有什么问题。

可回顾它的发展历程，还是有一些事情是值得注意的：

- 创造力的发展高度依赖于公共机构中工作人员的热情，一个好的创意能获得政治决策者的支持。
- 由于光伏发电不能与其他能源（包括传统的和可再生的）的产能方式相比，因此其发展必须以有资金补贴为保障。但因荷兰政府为可再生能源的发展提供补助的政策十分不可靠，使其在项目的开发进程中属于不确定因素（所以不能寄太多希望于政策的保障）。除此之外官僚式经营方式也引发了许多问题。
- 虽然项目开发商愿意合作并发展低能耗建

筑，但他们还想要避免不成熟的施工方法可能带来的损失，这便对项目的施工提出了很高的要求。由于在荷兰先前的一些大规模光伏项目中，光伏模块用作屋顶防水层的构造做法引发了渗漏和冷凝，因此，项目开发人坚持要求海尔许霍瓦德的住宅屋顶做完全独立于光伏系统的防水式构造，这种做法会增加项目的成本。此外，项目开发人必须要向未来的光伏系统所有者保证光伏系统的良好运行，而欧盟作为该项目的资助方，要求系统正常运行期限至少是六年，所以房主在买下住宅前，必须签署至少十年的光伏系统维护合同。这样做能保证光伏系统正常运行，但不能保证产能很高。

- 许多建筑师对光伏技术都没有经验，有的甚至连一点光伏方面的知识都没有，他们中的一些人在为"太阳城"设计了一个住宅区以后，就很少有继续为其他光伏项目做设计。同时，太阳城的设计进行不久之后，荷兰政府结束了对光伏项目的经济和政治支持，结果建筑师们很少再有机会设计光伏建筑，也就很难再在此领域得到锻炼了。
- 该项目设计中的问题源于城市规划师对光伏知识了解甚少。太阳城的城市规划概念由 Ashok Bhalotra 提出，随后相关城市规划人员开展详细的规划设计。但由于他们不了解光伏有效利用的相关知识，导致光伏组件在设计中安置得并不合理（需考虑朝向，结构和遮阳等问题）。另外，一些建筑师在设计中将光伏应用视为限制而非挑战，他们对光伏发电的关注度不高而造成光伏与建筑整合设计的困难，于是海尔许霍瓦德市能源协调人员承担了设计的磨合工作，促使规划和设计人员较好地理解光伏技术及有效应用的问题。
- 该项目中最大的困难是资金的落实问题。

项目资金主要来自于三方：荷兰政府、北荷兰政府和欧盟委员会。而荷兰政府不稳定的资助政策给项目带来了诸多困难。在项目之始，荷兰政府为其提供了一笔补助资金，该资金属于国家太阳能研究项目的一部分。但后来，该资助计划被中止了，取而代之的是另一个针对光伏系统购买者的新资助计划。由于这项新资助计划同样随时可能再次被终止（而事实也正是如此），因此，对该项目来说，这不是稳定的资金来源，然而另一资助方欧盟要求以其他资助资金的可靠性为前提来保证项目资金的可靠性。于是，能源公司 Nuon、北荷兰政府和海尔许霍瓦德市政府成立了保证基金，该基金以 3.50 欧元/Wp 的价格为标准，为发电总功率为 1.5MWp 的项目作担保以满足欧盟所提出的要求。

- 欧盟委员会对该项目的工期和实行计划的严格要求带来了另一个问题。起初，委员会要求该项目至多用四年建成，但对于这样新城镇的建设，会牵扯到许多团队和利益机构，所以是不可能按期完成的。因此后来委员会同意延长两年工期，但即使对于此新计划而言，按时竣工依然面临困境。

- 该项目的参与方期望发展大规模的光伏系统（3.4MW），通过用量增加或减少单价成本促使供应商大规模生产，从而使得光伏系统的价格降低。但实际情况并非如此。相反，由于邻国德国对光伏系统的大量需求，造成光伏产品供不应求，它们在荷兰的价格不降反升。据项目负责人所言，在项目推进期间，他们的注意力由技术创新转移到了创新的融资模式上。

- 本项目是总发电量为 5MW 的大项目，该项目涉及多个参与方。包括：自治区政府、省政府、能源供应商、荷兰能源研究中心和咨询人员等，它们都属于 HAL 协商体。

其中，省政府全程参与该项目的发展；欧盟的相关政策将有利于加快该项目的进度。该协商体中的每个团体都有责任去负责该项目中出现的相关问题，并且，没有任何团体能够脱离该协商体。正是因为项目的复杂性，为人们提供了创建该协商体的机会。因此，该项目取得了较大的成功。

西班牙，加泰罗尼亚，巴塞罗那

埃斯特法尼亚·卡马尼奥－马丁

摘要

在支持能源可持续性发展方面，巴塞罗那政府走在了各市的前面，其在 1998 年出台了一项政策，该政策强调了能源的可持续性发展和可再生能源的利用。该市于 2000 年建成第一个光伏建筑——巴塞罗那市政厅，且于 2002 年开始推行能源改进计划（a Plan for Energy Improvement）并成立了一个新的能源机构。在这些举措下，所有城区内显眼的公共建筑上都安装了光伏系统。同时，专业人员对光伏知识的普及以及政府对项目成果的宣传，使市民更加支持光伏技术。

简介

巴塞罗那是加泰罗尼亚地区的行政中心，拥有该地区最多的人口，同时，也是西班牙第二大城市。作为该地区重要的经济中心，巴塞罗那市同时也是地中海重要的港口城市。如今的巴塞罗那是欧洲重要的文化中心和旅游胜地，拥有丰富的人文遗产，其中尤以建筑闻名世界。

在西班牙，巴塞罗那市走在推广可持续能源的前列。在 1998 年，该市出台了一项政策，通过在使用传统能源的基础上推广可再生能源，来提高能源的可持续性，从而成为欧洲第一个用"太阳能热水条例"（Solar Thermal Ordinance，1999 年）强制以太阳能供应所有新建、翻修或变更用途的建筑物内部六成热水的城市。该市于 2000 年第一次实现了在建筑物中集成光伏（巴塞罗那市政厅），之后越来越多的光伏项目在公共和私人建筑上得到实施。

2002 年，巴塞罗那市政府为了兑现国际环保承诺，制定了"2002～2010 年能源改善计划"（a Plan for Energy Improvement 2002～2010, Plan de Mejora Energetica de Barcelona, PMEB），其具体目标是推广可再生能源（特别是太阳能）的使用，减少非可再生能源的使用，并降低能源消耗中产生的排放。该计划（PMEB）预见，必须通过信息宣传和市民参与，在当地 55 个项目中，实现现有能源消费模式的转变。

之后，新能源机构——巴塞罗那能源署（Barcelona Energy Agency, Agencia d'Energia de Barcelona）于 2002 年成立。它是由巴塞罗那市政府、与能源和环境有关的公共机构以及各大高校组成的公共联盟。其宗旨如下：

● 保证 PMEB 计划的实施；
● 鼓励节能及提高能效；
● 推进当地可再生能源的使用；
● 持续改善能源服务的质量。

该机构评估了不同的可再生能源技术为城市提供可再生能源的可能性大小。该评估考虑了技术可行、经济合理且符合社会期望的技术方法，其结果表明可利用的能源资源有：

● 7～14MW 的光伏技术；
● 6～12MW 的风能；

巴塞罗那市政厅 Novissim 大楼上的光伏板
资料来源：© Barcelona Energy Agency

● 2～5MW 的生物质能；
● 0.2～0.5MW 的水力发电。

光伏发展最大的潜力是由建筑屋顶表面光伏总量来评定的，这些建筑包括在 2000 年建成的商业建筑、服务业建筑、办公建筑、公共建筑以及预计到 2010 年能够竣工的新建筑。PMEB（参见《巴塞罗那市太阳能光伏法令》章节）提出。光伏系统能够提供这些建筑总用电量的 10%～20%，而这个数据是可实现的。通过上述分析可以发现，对于像巴塞罗那这样布局紧凑且太阳能资源丰富（水平面上每年 1500kWh/m²）的城市，发展光伏技术是最具有潜力的。

为了推广城市规模下的光伏建筑一体化，巴塞罗那市政府推行了一系列战略，将在下面进行叙述。

市政建筑中的示范性光伏项目

2002 年，受巴塞罗那市政府委托，巴塞罗那能源署在显眼的公共建筑上安装了集成光伏，并确立了三大目标：

● 能源目标：支持可再生资源的使用。
● 教育目标：向公共建筑的使用者宣传可再

生能源知识。这些公共建筑都十分显眼，它们位于城市中的各个地方，同时都各自有不同建筑及技术方面的发展潜力（诸如：社区服务中心，学校，图书馆等）。

- 激励目标：通过在市政机构中推广光伏技术，为在私营机构中开发光伏项目提供示范，从而增强开发商对光伏技术的信心并刺激市场。

巴塞罗那能源署在各市辖区范围内召开了一次会议，会议首先肯定了它们的积极性，并就哪些建筑符合集成光伏的标准向他们征求意见。（注释：市政府的技术服务部门分散在十个市辖区内）。当收到初步拟定的建筑名单后，巴塞罗那能源署就为它们的基础设施进行了设计，并将其送至市辖区的技术服务部门进行审批。这些部门对所有方案中的建筑结构能否与光伏模件整合都做出评估，而事实上许多方案都必须采用新的结构来集成光伏。

接着，巴塞罗那能源署根据不同项目中光伏系统的种类和建筑的状态（建成、在建或翻修），对投标方案进行审批。市辖区技术服务部门对收到的方案做出评估之后，把项目交给最终选定的承包商，并与他们合作完成光伏建筑一体化的施工以及最后的发布工作。

安装光伏系统的资金由巴塞罗那能源署和市辖区共同提供。市辖区分担新建筑承重结构的成本，而剩下的成本则由巴塞罗那能源署（AEB）分担。所有的光伏项目都拥有自动化监测系统，当巴塞罗那市政府总务部门（General Services of Barcelona City Council）的光伏系统发生故障时，它能检测出系统的异常状态，并发出警报（通过信息和交流技术），做到对光伏组件的监控与维护。公众还可以通过因特网了解到实时监控数据。

到2008年底，各地区公共建筑上总计39个光伏项目全部竣工，光伏安装总量为1.65MWp：

- 巴塞罗那市政府和市区建筑：5个项目，99kWp；
- 社交与文化中心：10个项目，106kWp；
- 小学和中学：12个项目，90kWp；
- 公共图书馆：6个项目，65kWp；
- 公共区域的廊道：3个项目，1198kWp；

拉玛西亚的卡得那（Masia de Can Cadena）的光伏应用实例，一幢用于环境教育的传统加泰罗尼亚住宅及其周边的城市果园
资料来源：© Barcelona Energy Agency

2004年全球文化论坛会场上的光伏绿廊
资料来源：© Isofoton S.A./Barcelona Energy Agency

- 其他（公园、集市、城市废弃物处理厂）：3 个项目，90kWp。

在市政建筑上发展光伏发电的第二个阶段（2008 ～ 2012 年），市政府在选择方案时将把一系列新的标准纳入考虑，包括：

- 能耗核查：从建筑的能源绩效来看，光伏能带来多少额外的收益。
- 创新的融资机制：如得到私人投资方的支持，为安装在公共建筑上的光伏系统提供资金和管理。
- 智能的用电模式：对建筑内部的电力进行需求侧管理。

Casal de Gent Gran Navas 的光伏应用实例，一个老年人社交中心
资料来源：© Barcelona Energy Agency

经济手段

2007 年时，西班牙馈网电价政策（feed-in tariffs）规定，100kW 以内的光伏安装成本为 0.4404 欧元 /kWh，超出 100kW（最多 10MW）的安装成本为 0.4175 欧元 /kWh，如此一来，所有安装光伏的建筑都可以从该政策中获利。除这些奖励措施外，巴塞罗那城市景观和生活质量研究所（the Institute of Urban Landscape and Quality of Life, Institut Municipal del Paisatge Urba）还为私人住宅提供安装费用 25% 之多的资金补贴。

《巴塞罗那市太阳能光伏条例》

自 2006 年起，西班牙所有超过 1000m² 的新建筑和翻修建筑都必须满足一项名为《建筑技术规范》（the Technical Building Code）的新法规的要求。该法规旨在促使人们通过合理使用能源（限制能源需求）、提高供热系统和照明系统的效率、利用主动式太阳能技术（太阳热能和太阳能光伏）等方式，提高建筑的安全性和宜居性。该条例规定，当建筑屋面面积超过以下最小限定值时，必须使用光伏技术：

- 商业建筑：大型超市，屋顶面积 5000m²；多层商店，屋顶面积 3000m²；大型商店，屋顶面积 10000m²；
- 会展中心（用于商品交易会）：10000m²；
- 办公建筑：屋顶面积 4000m²；
- 旅馆和招待所：100 个床位；
- 医院和诊所：100 个床位。

在欧洲开展的名为"欧洲城市综合能源规划"（Comprehensive Energy Planning in European Cities）的项目进程中，巴塞罗那能源署和巴塞罗那地方政府为了改进建

克里斯蒂纳·卡斯特尔·吉亚访谈录

由于光伏发电系统较易与建筑整合，因此比其他可再生能源技术（如太阳热能水）更受青睐。然而，在像巴塞罗那这样的结构紧凑的城市，大规模地发展光伏发电是项艰巨的任务，因为将光伏与建筑系统地整合需要极大的努力，同时还要保证光伏技术与建筑内其他可再生能源技术（如太阳热能）和谐共存，而这在某些情况下（如公寓大楼）会因可用空间的限制而变得十分困难。从这个意义上说，评估在城市环境下运用光伏发电技术的可行性大小是很重要的。

我们应从以下这些方面着手，对即将在城市中系统化使用的光伏做出改进：

- 大幅提高光伏技术的效率，并在建筑和其他城市基地中，保持近几年的发展势头，为光伏与建筑集成寻求广泛而多样的技术选择。
- 尽管建筑师对光伏日渐闻名，但总体说来，全社会对光伏还是所知甚少。
- 尽管日益抬高的电价会提高成本效益阈值，并由此消除当前把光伏和高价相联系的观念，光伏价格还是应大幅降低。
- 最后，相比建筑中的其他能源技术（如传统的供热系统），我们应寻求更为简单的光伏入网程序，包括行政、管理和维护等。
- 当地能源服务公司应具备进行高质量的光伏系统安装能力。这体现在设计、委托、管理和维护等多个方面，并在推广光伏与建筑集成的进程中发挥重要作用。虽然目前这样的公司还很少，但该行业仍前景大好。

Cristina Castells Guiu 是巴塞罗那能源署的总监，以及巴塞罗那市政府环境部的能源服务和环境质量总监
资料来源：© Barcelona Energy Agency

筑中的光伏系统并完善《建筑技术规范》中的规定，在 2003～2004 年进行了一项有关在建筑中推广光伏的研究。首先对光伏集成于建筑的可行性和西班牙的光伏法律体制进行仔细地评估，从中得出的结论是：只有安装总功率在 40～120kW 范围内的光伏系统，才能盈利（盈利所需的条件有：内部收益率比市场利率高，且投资回收期比光伏系统的寿命短）。接下来，这两个机构与光伏和建筑部门的主要利益相关者举行了一系列会晤和接触（为了确定合适的体制，还进行了几个对法律和行政问题的研究）。之后，出台了以提高城市范围内光伏的普及程度为宗旨的《巴塞罗那市太阳能光伏条例》(Solar PV Ordinance for the Municipality of Barcelona)。它对以下类型建筑的节能目标，做出了具体的规定：

- 屋顶面积不小于 3500m² (新建或翻修) 的商业和第三产业 (服务业) 建筑：目标是光伏发电能提供 10% 的总耗电量。
- 屋顶面积不小于 1500m² (新建或翻修) 的办公建筑：目标是用光伏产生消耗电力的 12%。

该条例还规定，不论在何种情况下，每平方米的结构层上都必须安装至少 7Wp 的光伏设备，因此在这种情况下要在光伏与建筑集成，项目的质量方面加以注意，并在遵守条例和其他法律要求的情况下，简化行政程序。

外界预计《太阳能光伏法令》将于 2009 年生效。在此之前，巴塞罗那市政府在 2003 年积极推行光伏建筑一体化以后，为了讨论并修订现有的《太阳能法令》，成立了"太阳能委员会"(Solar Board)。该委员会的成员之间是公私合作伙伴关系，其代表分别来自

当地政府（巴塞罗那能源署、巴塞罗那市政府）、地方性政府 [加泰罗尼亚自治区政府下属能源和采矿理事会 (Directorate General for Energy and Mining of Autonomous Government of Catalonia)]、几个公共事业公司 [市政房屋委员会 (Municipal Housing Council)]、城市景观和生活质量研究所 (Institute of Urban Landscape and Quality of Life)、加泰罗尼亚能源研究所 (Catalan Energy Institute)、巴塞罗那开发商与建筑公司协会 (Association of Developers and Construction companies of Barcelona)、几个专业协会（建筑师、工程师、安装工、可再生能源产业、建筑经营者）、电力公司以及代表市民的消费者和使用者组织 (the Organization of Consumers and Users)。市政府将通过与之进行持久的协商和探讨，保证该法令得到市政府的、经济的、工业的和社会的利益相关者的广泛接受。

对问题、障碍、解决方案与建议的总结

公众对建筑集成光伏措施的认知和接受度的日益提高

在公共建筑集成光伏发展策略的初期 (2003 年)，市辖区技术服务部门的大多数人都不了解光伏技术，而建筑师们也对其持有一些偏见。例如，顶面倾斜角不小于 5° 的光伏构件支架（该角度有利于雨水清洁光伏组件）并不符合建筑的审美要求。

在提高对光伏技术的了解和接受度的工作中，市辖区技术服务部门和巴塞罗那能源署之间的紧密合作起到了关键性的作用。除了召开例会，市辖区技术服务部门还组织人员参观光伏设备，使他们能够亲身感受到不同方案的美观性（就上文提及的案例而言，水平和倾斜 5° 的绿廊顶面并没有本质区别）。事实上，并非所有的市辖区在项目初期都对

光伏技术抱有同样的热情，但积极的市辖区带动了其他市区对光伏构件的热情。

上述合作的成果是，目前市辖区技术服务部门已经为许多（新建和翻修）公共建筑预留了光伏集成构件的结构，市政规划计划在 2008 ~ 2012 年在新建的建筑上也应用光伏技术，且将继续得到来自巴塞罗那能源署专家的技术支持。

另外，在提高光伏技术的接受度方面，对现有的光伏建筑一体化方案的宣传起到了重要作用。自从巴塞罗那开发的第一个光伏项目实施以来，不论是对公有还是私营部门的建筑师而言，他们都增进了对光伏集成技术的了解，这使得该专业团体对光伏技术的兴趣越发浓厚。

公共建筑中光伏系统的维护

各市辖区的总服务部门负责对该地区公共建筑中的能源设备进行维护。由于这些服务目前的工作量较大，且光伏设备具有不同于传统电力设备的特性（它们无噪声，且独立于建筑的电力设备向电网供电，所以一旦发生故障并不容易识别），因此工作人员尚未找到一种成功的维护模式。

市政建筑中光伏设备的公开展示
资料来源：© Barcelona Energy Agency

巴塞罗那市政府如今致力于发展能源服务公司，对太阳能供热系统（相对于光伏技术发展得更加成熟）进行管理和维护。这些公司可以是公私合营，它们为开发可持续发展的市场，提供诸如项目融资、能源咨询和完善准则的服务。其中，也包括光伏集成技术。

瑞典，马尔默

安娜·科南德

摘要

自 2001 年起，马尔默采取了许多具体的措施，以达到 2012 年的 CO_2 排放量比 1990 年减少 25% 的目标。该市政府参与了多个能源、运输和建筑方面的项目，并在现有的学校、博物馆和医院等办公建筑上，安装了 15 台总占地面积为 3400m²、峰值功率为 500kW 的光伏设备。目前，马尔默已成为瑞典光伏安装规模最大的城市。此外，在该市和瑞典的其他地区，当局开展了提高光伏知名度、增加光伏应用经验和普及光伏专业知识的工作。

简介

位于瑞典南部的马尔默拥有 28 万人口，是瑞典第三大城市。早在中世纪晚期，它就已经是军事重镇，也曾是航运和陆运要镇，之后逐渐演变为工业城市。如今的马尔默已发展成一个高等教育发达的大都市，不过仍有一些街区保留了中世纪时期该市的风貌特征。在城中运河、海滩和港口周围，分布着许多公园和其他的休闲娱乐场所。

马尔默市力争 2008 ~ 2012 年期间达到 CO_2 平均排放量比 1990 年减少 25% 的目标。为了实现这一目标，近年来该市在能源、运输和建筑方面采取了许多重大措施。

该市西部海港地区的规划、建筑和建造

立足于生态理念，其宗旨是保证在城市环境
良好的条件下实现高密度城市发展，同时也
将作为马尔默市建设可持续环境的推动力。
当地能源仅由可再生能源提供，主要是阳光、
风和水，还有沼气池中有机废物分解产生的
沼气资源。该地区计划设计低能耗建筑，并
力求把未来的交通需求和对车辆的依赖程度
降到最低。自行车将成为该地区交通系统中
最重要的部分。该地区的一大建设目标是，
在城市环境中创造出生物的多样性。为此，
他们利用诸如引入植床、爬墙绿叶、屋顶花园、
池塘水面以及大型乔木和灌木的方法。

装有光伏设备的科学技术博物馆
资料来源：© City of Malmö, Martin Norlund

类似这样做法已成为生态理念，并且仍
将应用于马尔默市现有的一些地区的修复，
如奥古斯滕伯格（Augustenborg）和赛格公
园（Sege Park）等地。

马尔默市的另一项重要任务是推广可
持续旅游，以促进公共交通、集体乘车、生
态驾驶以及环境友好型汽车和巴士的发展。
另外，该市还投资建设自行车友好型城市，
其目前已拥有超过 400km 长的自行车绿道，
并于 2004 年被授予"瑞典年度自行车城市"
的称号。该市市民上下班行程的大约 40%
和出行总行程的 30%，是以自行车为交通工
具的。

科学技术博物馆的光伏立面
资料来源：© City of Malmö, Martin Norlund

除了实物投资，马尔默市还向市民们做
了许多宣传，以增加他们对温室效应以及温
室气体减排措施的了解。当地气象局还从工
厂中雇用了一大批人员，他们与马尔默市政
府合作，寻求降低能源和燃料消耗、减少温
室气体排放的一般解决方案。

光伏项目说明

马尔默是瑞典光伏设备安装面积最大的
城市。该市政府从 2001 年开始推进在公共建
筑上安装数个大型光伏设备的工作。目前，
在现有的学校、博物馆和医院等办公建筑上，

一共安装了 15 套光伏设备，其总占地面积为
3400m²，峰值功率达 500kW。

马尔默市正在投资太阳能项目来改善并
推广该市的环境形象，而传统能源价格的上
涨也很有可能使光伏在将来获得高收益。因
此，投资太阳能项目只是减少 CO_2 排放、降
低未来能源开支、提高能源自主性道路上的
一步而已。

在瑞典，用于公共建筑上安装光伏系统
的款项（2003 ～ 2008 年间大约为 1500 万欧元）
占政府拨款的 70%，而这就是瑞典大部分光
伏系统安装在公共建筑上的原因。由于瑞典
所有的电力生产商都必须为电力传送到电网

赛格公园的光伏系统

资料来源：© City of Malmö, Martin Norlund

马尔默梅尔兰海德学校（Mellanhed School）立面上的光伏遮阳装置

资料来源：© City of Malmö, Martin Norlund

付费，因此他们为保证建筑内的能源产量不会超过能源消耗量，对安装的多数光伏设备进行了产能量的测量。

瑞典"太阳城联盟"（Solar City Association）的第一个项目——马尔默"太阳城"（Solar City Malmo）于2007年建成，其主要目标是促进太阳能系统的应用和开发，巩固瑞典南部的太阳能市场。为此，该市将通过安排研讨会、安排有导游的观光、开办教育性课程、开展学术会议等方式，向市民宣传与太阳能有关的信息和知识。

瑞典最大也是最引人注目的光伏设备于2007年七月在马尔默市旧医院区的赛格公园内安装完成。通过一套独特的建筑和技术方案，该设备被成功地置于一个20m高的钢架上，并获得了1250m^{2}的光伏总面积和166kW的峰值功率。目前赛格公园地区主要在进行重建并计划在新扩建的区域内建造诸如学生公寓的新建筑。在这样的建设背景下，该地区计划利用光伏、太阳能热电、生物燃料和风能等可再生能源资源，实现当地能源的自给自足。

马尔默市科学技术博物馆（Museum of Science and Technology）的光伏安装工作于2006年9月完成。其平屋顶和立面上的光伏模板总面积分别为335m^{2}和180m^2，总峰值功率为67kW。该项目因光伏与建筑成功地融合而于2006年被瑞典太阳能发电项目组（the Swedish Solar Electricity Programme）授予"年度太阳能设备"（Solar Plant of the Year）的称号。

梅尔兰海德学校（Mellanhed School）于2007年安装了峰值功率为34kW的光伏设备作为遮阳装置。由于安装某些种类的遮阳系统能有助于减少建筑内的制冷成本，而一个普通遮阳系统的成本可从光伏系统的投资成本中扣除，因此这样做可以获得经济收益。该设备因成功将光伏应用于教育建筑而于2007年被瑞典太阳能协会（the Swedish Solar Energy Association）授予"年度太阳能设备"的称号。

马尔默学生会议会厅也安装了光伏遮阳装置，其光伏模板总面积为180m^2，峰值功率为25kW。

马尔默最先安装的光伏设备之一位于奥古斯滕伯格。始建于20世纪50年代的奥古斯滕伯格，近十年以来其生态环境发生了巨大的变化，主要体现在以下几个方面：安装了太阳能热水设备和光伏设备，增加了绿地面积，且在屋顶上进行种植。该地区的两座建筑上安装了三种不同用途的光伏设备，总面积为100m²，峰值功率达11kW。其中一座建筑上安装的光伏设备被用作遮阳板。另一座建筑上安装的光伏设备，其中的一个用途是屋顶和立面上不同种类的光伏电池用作示范装置供人参观，另外一个用途是光伏电池连同反光镜和光伏系统组成的遮阳装置，形成混合动力系统，光伏电池利用反光镜会聚的太阳光产生更多电能，为其降温的水则储存了太阳热能。

马尔默学生会议会厅立面上的光伏遮阳装置
资料来源：© City of Malmö, Anna Cornander

对问题、障碍、解决方案与建议的总结

瑞典缺乏对光伏的长期补助

由于政府在2005 ~ 2008年为光伏安装提供的资金，不足以为瑞典的光伏公司创造一个稳定的市场，也不能吸引对员工培训和教育的投资，因此该国整个产业都缺乏竞争力。

由于一直难以找到对光伏技术有足够了解的顾问来起草采购文件，因此大多数投标文件是由马尔默市内务部（the Department of Internal Services）的项目经理完成的。同时，找到能胜任光伏设备安装后的终检工作的检查员也一直是很困难的。

为了解决上述问题，马尔默太阳城一直试图在国家层面上减少项目的各项费用，并且还在积极倡导一项长期售电机制，以使得将小规模光伏产出售给瑞典电网时，能获得更多利润。通过这种方式，能为光伏吸引更多的私人投资。当市场发展到一定程度，人们对光伏的认知将提升，从而找到负责而有经验的顾问和检查员将更容易。此外，马尔默太阳城还将为有关人员安排培训，以增进他们对光伏的了解。

光伏安装的施工许可

由于缺乏对规划部门的了解，马尔默市内务部的项目经理在为光伏安装获取施工许可时遇到了困难。在规划部门看来，光伏系统既不美观，又难以找到成功的参考范例。

诚然，成功的参考范例是必不可少的，因为它能展示光伏组件安装后的模样。但此外，为参与光伏项目的团队安排培训也十分重要。如果一个项目能将光伏设备用简单的方式集成到建筑上，而集成后的建筑外观又吸引人的话，它的优势将是十分明显的。

公共建筑的安全问题

作为一项新技术，光伏在瑞典少有成功的范例，所以一些公共建筑管理者以该系统将会带来问题为由，反对市政府做出的有关安装光伏系统的决议。

然而，马尔默市近几年来积累了不少实践经验，这意味着现在有成功的范例可供参考了。与此同时，公众对该市投资太阳能的认识增加了，各种公共建筑的管理者对光伏的兴趣也提高了，且后者正在自主研究并努力开创安装光伏系统的新方法。

英国，伦敦，克里登

埃米利·拉德金

摘要

伦敦的克里登区是伦敦最先实行"莫顿法则"的区域之一。"莫顿法则"是由伦敦的莫顿区引领的一项新规划政策，该法则要求通过对当地可再生能源的利用来减少建筑环境中的 CO_2 年排放量。它同时也适用于新住宅区开发进程中的新建和改建建筑，也符合《建筑规范》(the Building Regulation) 中的节能要求。为推行该法则，克里登议会作出决议，要求开发的非住宅区的总建筑面积应超过 1000m^2，而新住宅区则应包含十个及以上的单元，从而生产能抵消预期碳排放量 10% 以上的可再生能源。

为了实现 10% 的减排目标，自 2005 年 7 月第一个项目竣工以来，该地区一共完成了 12 个项目。其中有七个项目结合光伏，这当中最令人瞩目的是在皇后医院旧址完成的三个新住宅区，共集成了 39.4kWp 光伏设备。在开发商看来，完成这些项目最大的困难并非资金的缺乏，而是专业知识和技术的缺乏。为此，克里登能源网络绿色能源中心(Croydon Energy Network's Green Energy Centre) 在授权施工和选择合适的可再生能源技术等方面，为他们提供了建议和支持。

简介

伦敦的克里登区位于英国伦敦以南 10 英里（15 千米）处，前身是历史上著名的克里登镇。如今的克里登占地 34 平方英里（87 km^2），人口为 342700，是伦敦中心以外最大的办公和商业聚集区之一。这里有很多城市文化遗产，形成独特的城市风貌。

克里登区的住宅多样性特征明显，既有经济困难时期建设的，也有经济大发展时期开发的。为了引导该区未来的规划、重建和开发，克里登政府成为英国率先依据"莫顿法则"推进城市建设的地方当局之一。

光伏项目说明

克里登光伏项目的概述

在克里登区，包括学校、购物中心和开发住宅区在内的许多公共和私人用地都安装了光伏系统，其中最近开发的项目多数是实施"莫顿法则"的直接结果。2005 年 7 月，首个以 CO_2 减排 10% 为目标的开发项目竣工，随后的一年中，克里登政府又批准了 100 多个利用当地可再生能源发电的新项目。

目前，克里登区一共安装了 250kWp 以上的光伏，其中包括：

- 2002 年时集成于 82 幢公寓和别墅的贝丁顿住宅开发区（the BedZED housing development）的光伏（并非依据"莫顿法则"安装），安装容量为 108kWp；
- "喷火"商业园（the Spitfire Business Park）的多功能商业单元内的光伏系统，安装容量为 108kWp；
- 昆士盖特住房开发项目（Queensgate Housing Development）的屋顶太阳能照明瓦，安装容

克里登区集成了 108kWp 光伏的贝丁顿住宅开发区（光伏并非在"莫顿法则"下安装）

资料来源：© Telex4, creativecommons.org

量为 39.4kWp；

- 克里登中央购物中心 (the Croydon Centrale shopping centre) 顶层屋顶外表面的光伏，安装容量为 3.6kWp；
- 一家托儿所入口上方屋顶的太阳能屋顶照明瓦，安装容量为 3.5kWp；
- 圣詹姆斯学校 (St James the Great School) 屋顶的光伏系统，安装容量为 2.2kWp；
- 圣约瑟夫幼儿园 (St Joseph's Infant School) 屋顶的光伏系统，安装容量为 0.99kWp；
- 许多外加和集成于私人住宅屋顶的光伏系统，如克里登米尔斯住宅 (Croydon Mills，安装容量为 1.44kWp)、克里登米克尔堡住宅 (Croydon Mickelburgh，安装容量为 0.96kWp)、克里登卡德住宅 (Croydon Card，1.14kWp) 等，这些也并非"莫顿法则"要求的项目。

昆斯盖特住宅开发区

克里登区的昆士盖特住房开发项目 (Queensgate Housing Development) 是由 365 幢新建住宅组成的大规模低碳开发区。开发商锦绣家园公司 (Fairview Homes) 通过集成太阳能光伏、太阳能屋面瓦和微型风力涡轮机，在这片 3.7 公顷的区域内实现了 10% 的 CO_2 减排目标。安装的光伏系统包括：

- 在皇后医院区南端的五个新住宅区内集成的 39.4kWp 光伏；
- 每年能提供 44243kWh 电能用于公共照明的 1000 多块光伏瓦。

太阳能光伏每年能减少 15 吨以上的 CO_2 排放量。

喷火商业园

山景开发集团 (Hillview Developers) 在克里登设计开发了包含 30 个多功能商业单元的"喷火"商业园 (the Spitfire Business Park)，容纳大空间的仓储和办公空间。单元的自然通风和采光都引入设计，并采用了低能耗电灯泡和可回收绝缘线。为了满足规划政策的要求，开发商选择了在其中六个单元上安装光伏。安装的光伏系统包括：

- 安装于六个单元的屋顶上的光伏镶板，总面积 $316m^2$；
- 总安装容量为 50.4kWp 的 200 个日本三洋混合硅光伏元件 (Sanyo 200 hybrid silicon PV modules)。

希尔维尤的多功能商业单元，通过屋顶光伏能源，较好地实现了"莫顿法则"规定的 CO_2 排放量减少 10% 的目标
资料来源：© solarcentury.com

克里登"锦绣家园"部分住宅照片，其屋顶铺设 1800 多片由太阳能世纪国际有限公司生产的 C21e 和 C21t 太阳能光电瓦
资料来源：© solarcentury.com

预计光伏系统的年发电量为45360kWh，从而减少25.8吨CO_2排放量。

莫顿法则

"莫顿法则"是伦敦的莫顿区在2003年10月首先实施的一项新规划政策，要求非住宅开发区利用当地的可再生资源提供至少10%的电能需求，从而减少建筑环境中的CO_2排放量。该创新政策随后又进一步发展，要求住宅开发区也必须减少10%的CO_2排放量。

很快，其他地区的政府开始仿照莫顿区推行类似的政策。到目前为止，全英国共有34个地方政府推行了利用当地可再生能源使CO_2排放量减少10%以上的政策，而其他的许多政府也在评估该政策的可行性，积极推进其发展。

克里登地区是公认的实现10%可再生能源目标的模范。该地区的政策规定：

议会希望所有建筑面积超过1000m^{2}或十个及以上住宅单元的所有开发区（包括新建和转型），能利用相关设备，产生预期能源需求量10%以上的可再生能源。

该政策给出了实现上述目标的方式，包括使用当地可再生能源、改变重建地区能源

外表面新装上太阳能光伏板的克里登中央购物中心的外观
资料来源：© solarcentury.com

利用方式和购买绿色能源。同时，该政策在降低CO_2排放量、刺激小型可再生能源产业发展、解决燃料缺乏和降低能源成本等方面，也起了很大作用。

为推进"莫顿法则"的实行，莫顿和克里登两区已经展开了合作，制定了如下规则：施工方须提供一份报告，详述如何实现能源目标，且该报告须得到当地规划机构的批准，其预期的节碳量须大于英国《建筑规范》第L部分（Building Regulations，Part L）（其内容涵盖了燃料和能源保存，也为所有建筑制定了CO_2最大排放量）所规定的数值。"莫顿法则"的提出就是为了激发节能、低碳、环保的设计和建造方案。

在某特定的开发项目中，如果开发商能证明，该政策难以实施或执行下去，就可以不遵照"莫顿法则"施工，并可与当地政府协商节能减排目标。事实上，几乎没有开发项目存在满足上述条件的正当理由。

议会一直鼓励开发商采取尽可能多的节能措施，并在此基础上考虑可再生能源的应用。最常见的可再生能源利用方式是太阳能热水器，而光伏则在其可行性最大时推荐选用。例如，当空间容纳不下热水箱时应选择安装光伏，也就是说，如果因安装热水箱而付出的空间损失的代价大于安装光伏的成本，那么光伏就是更好的选择。

到目前为止，最普遍采取利用当地可再生能源的技术依次是太阳能热水、生物质能、太阳能光伏和地源热泵。不同于太阳能热水，依据"莫顿法则"进一步推进光伏利用的最主要障碍是成本。

克里登区在莫顿法则下实施的一系列可再生能源利用技术包括：光伏、太阳能热水器、风能、冷热电联产、生物质能助燃冷热电联产、来自废弃物的可再生能源（利用该技术可以使空气质量符合标准，但它不适用于用电量

低于400kW的建筑单元）、氢燃料电池和基于地源热泵的保温和制冷。

对问题、障碍、解决方案与建议的总结

有关可再生能源的规定对获得规划许可和工程延期的影响

当局提出，规划进程应把有关可再生能源的规定纳入考虑。刚开始，开发商对这一政策上的变化自然会有所抵触，但通常情况下，当他们照此实践过一次后，再次开发新项目就显得相对容易了。由此，新加入开发项目的可再生能源规定，就变成了"仅仅是项目进程的一部分"那样简单自然。

由于对任何新的规划条件和规定，开发商都需要时间来熟悉、服从并最终满足标准的要求，因此克里登政府设立了一条名为"克里登能源网络绿色能源中心"的帮助热线，就确定某特定开发区内可利用的可再生能源种类以及从哪里可以获得对可再生能源设备成本的资助等问题，向开发商提供建议和支持。

政府要求，任何新开发项目的规划申请中都应包括一份环境绩效声明（Environmental Performance Statement），详述该项目将如何实现高标准的可持续建设，并在建筑选址、可再生能源技术的安装规模和位置等方面，与当地的规划政策保持一致。议会将为开发商提供指导，来保证这一要求的实现。

随着该政策的成熟、实施进程的改善和开发商对其的理解，对当地可再生能源的利用正在稳步推进。据伦敦南岸大学（London South Bank University）于2007年9月发布的一份报告所述，在整个大伦敦市政府（the Greater London Authority）辖区内，新开发项目的申请用时，都已从2004年的700天，逐渐减少到2005年底的大约100天。

克里登区阿什伯顿学校的立面上集成的光伏
资料来源：© Halcrow

当地可再生能源利用设备成本的增加

"莫顿法则"推行中遇到阻力的主要原因是开发成本的增加，这也将降低其他可行项目的可能性。然而，克里登区议会观察到，当项目的融资成本增加时，真正阻碍其开发的因素似乎是专业知识及技术而并非成本。这一点可以由2006年副总理办公室的一项研究报告来证实，该研究针对《建筑规范》第L部分进行研究，证实了通过小型可再生能源系统，新住宅能减少20%以上的碳排放量，这样的做法便将英国东南部新住宅的平均售价仅提高了1%。

越来越多的证据表明，具有环境可持续性的住宅和开发区也将增加地产的价值，对开发商而言，这部分利润相当于红利。克里登区议会先前的环境与可持续性发展管理人艾迪·泰勒称："越来越多的证据表明，可再生能源可以为建筑增加销售价值。开发商之间也达成共识，认为这就是该产业的发展方向，他们只有始终保持在可持续发展的前列才能获利。"

另一点有趣而值得注意的是，一些人准备高价购买装有光伏的住宅。位于英国峰区（Peak District of the UK），由格里森住房

公司 (Gleeson Homes) 开发的一片住宅区内，集成了太阳能光伏瓦的住宅以 148650 欧元（14 万英镑）的价格出售，而同一片地产上其他相同的非太阳能住宅的售价仅为 135915 欧元（12.8 万英镑）。正如格里森住房公司的 Tom Whatling 所说，这么做的原因是"允许安装光伏的住宅以高价出售，从而抵消原有房产中的附加成本"。

"莫顿法则"被视作高房价产生的原因

这么说是因为应用可再生能源技术会增加成本，但在克里登的实践经验并不支持这一点。自"莫顿法则"于 2004 年引进克里登区政府的发展规划以来，当地的住宅数量显著增加。

此外，在 2006 ~ 2007 年，克里登超额完成了伦敦市长制定的"50% 的新建住宅价格可接受"的目标。伦敦市长向克里登议会祝贺道："不同于其他的许多议会，你们的社会出租住宅的价位，实现并超越了《伦敦规划》(the London Plan) 中规定的目标，这是十分令人瞩目的成就。"

对于加给开发商的规划条件部分人不予接受

新法则刚引入不久时，在某些情况下需通过强制措施来确保其实施度，但现在开发商已逐渐接受了有关规定。尽管仍有一些人认为可再生能源技术的介入会增加施工难度并提高项目成本，多数人却感到遵从该法则并没有最初预想的那样困难。正如艾迪·泰勒所说："开发商正与我们一起为实现减排 10% 的目标而努力着，而且他们经常为能够轻松完成目标而感到惊讶不已。例如，要实现整个地区 CO_2 排放量减少 10% 的目标，只用在一片新开发区域的每栋住宅上都安装微型可再生能源系统。"

一些开发商逐渐认识到该法则能为公众带来利益，巴勒特·霍姆斯就是其中一个，他对记者 David Pretty 说："我们这么做并不仅仅为了商业利益，还因为我们相信它能造福未来。购房者对建筑的美观程度表示满意，且对太阳能光伏瓦能为他们节约开支这一点印象特别深刻。""锦绣新家园"项目的主管特里·鲁德在评价他们开发的昆斯盖特住宅区时说："莫顿法则鼓励我们提升建筑的价值，而我们也从中看到了未来的蓝图。我们对'锦绣新家园'能走在全国性行动的前列感到高兴。"因此，该新开发区域自从 2007 年 7 月竣工以来，在很短的时间内就售罄了。

可再生能源设备的产电量未达到最大值

在某早期实施"莫顿法则"的项目中，由于人们将光伏系统安装在车库顶部的阴影下，导致位置不理想，而未能实现产能的最大化。

为保证产电量达到最大，《伦敦可再生能源发展建议集》(London Renewables Toolkit) 就达到《建筑规范》设定的降低 10% 碳排量的目标，向开发商提供有关可再生能源技术和指标计算方面的指导。

建议集还就光伏系统合适的安装位置，对开发商和安装工人进行指导，以保证产能量达到最大值。该建议也适用于其他可再生能源设备。

部分领域对可再生能源技术的限制

如何获得规划许可，一直以来都是就地利用再生能源的一大阻力。这一困难的产生，部分是出于时间、成本的缘故，另一部分出于不能明确一些获得规划许可的必要技术条件。

为克服这一阻力，克里登当局一直在全英国各区之间争取获得规划许可。自 2008 年

4月6日以来，这一理念已被推广至全英国。除以下情况外，屋面集成光伏不需要获得规划许可：

- 安装出挑200mm以上的光伏面板时；
- 安装在世界遗产保护区（Conservation Areas and World Heritage Sites）建筑主立面上，并保证能够从公路上看见。

除下述情况外，单体光伏设备不需要获得规划许可：

- 高度超过4m；
- 安装位置距离任何边界线不到5m；
- 电板方阵面积超过9m²；
- 位于世界遗产保护区内，或位于住宅庭院内，或能够从公路上看见。

威尔士议会政府（The Welsh Assembly）、苏格兰政府以及北爱尔兰政府目前都在考虑修改立法，以保障微电网设施的安装。

"莫顿法则"不是减少碳排放的最有效途径

与提高能源效率相比，利用可再生能源的方式并不能最经济地减少碳排放，因此"莫顿法则"受到了人们的质疑。但是，它着实激励了对可再生能源的开发。

莫顿法则创造了很多可以让企业安全投资的机会，所以，可再生能源产业界视其为鼓励投资与增加就业的重要政策。同时它也肯定会为企业带来安全的投资机会。太阳能世纪公司（Solar Century）外务主管Seb Berry说："莫顿法则对于英国新兴的微型可再生能源产业来说是至关重要的。它驱动了市场对这些可再生能源技术的需求。"该公司负责了克里登（Croydon）地区大部分的光伏安装工作，截至2007年，莫顿法则项目

带来的利益，已占该公司在英国总营业额的30%。

反对莫顿法则的人坚称：提高能源效率通常比发展可再生能源更经济。但是我们应该看到，提高能源效率已被写入英国《建筑规范》的L部分中，而发展可再生能源目前还停留在规划阶段，这造成了二者目前发展状况的差异。（最新修订的L部分只规定了整个建筑 CO_2 最大排放量，这样，建筑师就有足够弹性空间使用可再生能源。）另外值得注意的是："莫顿法则"也鼓励了开发者在使用当地可再生能源之前，尝试提高能源效率，减少建筑的碳足迹。除此以外，英国最近的一项国家政策PPS1——城市规划与气候变化（Planning & Climate Change）中，也鼓励相对小规模地使用当地可再生能源和低碳资源（指当地及其周边地区）。

还有一些人认为利用外地电力也是一个选择。然而，用通过购买外地可再生能源生产的电力来减少当地碳排放的方式，并不能促进英国可再生能源产业的发展或带来额外的电力产能。

英国，克里斯市议会太阳能光伏项目
唐娜·芒罗

摘要

克里斯都市议会（Kirklees Metropolitan Council）位于英格兰西北部，它率先推广了太阳能光伏在城市建筑中的广泛使用。首批项目就包含由欧盟委员会（European Commission）资助的"太阳城"项目（SunCities）。该项目带动了克里斯地区在内的总计400kWp的光伏系统被安装，这批系统主要用于住房建筑上。其他可再生能源项

目也接踵而至，包括：议会大楼与学校的光伏系统和其他能促进当居民使用可再生能源的项目。

英国环境部（Environment Unit）为委员会提供了建议和帮助，保证了可再生能源项目的顺利实施。该部门不仅为项目制定目标，要求开发者在主要的开发领域中使用可再生能源，还评估了该政策的经济收益及其对居民能源消费的影响。

简介

克里斯市议会（Kirklees Council）管理着英格兰西北部一块面积达 253km^2 的区域，包括哈德斯菲尔德（Huddersfield），巴特莱（Batley），迪斯伯里（Dewsbury）及一些周边地区，人口超过 38 万。议会有一个专门的环境部，其工作范围涵盖了生物多样性、能源管理和可再生能源发展，以及环境管理系统、规划和政策发展等方面。

在英国，克里斯市议会率先推广了光伏系统在城市建筑中的广泛应用。委员会参与了欧盟资助的太阳城项目，并安装了 350kWp 光伏板，主要用于社会住房。此外，委员会大楼和教学楼也安装了光伏板。而该委员会的环境部正是整合可再生能源项目各个举措的核心。

"太阳城"太阳能光伏项目

在克里斯，光伏系统为超过 390 幢房屋、公寓、学校、疗养院和公共建筑提供了可再

樱草花山（Primorse Hill）上住房的光伏和太阳能热工改造
来源：© Donna Munro

生电力，这之中的大部分光伏系统都是在"太阳城"项目中安装的。

2000年克里斯市议会可再生能源投资基金设立，这些光伏项目便得以成功实施。而资金的来源便是减少的国民保险税中气候税部分的储备。

克里斯市议会环境部门不仅有着广泛的职权，还有一批在可再生能源方面充满热情的职员，这些优势促进了可再生能源发展政策的落实。环境部门协调着来自议会内外的活动，促进和支持可再生能源发展，包括政策咨询和发展示范计划，以及保护和管理那些支持可再生能源的资金。

早期项目的成功使其赢得了政治上的持续支持，对可再生能源和后期项目的政策支持也因此加强。当在克里斯的光伏项目获得了可持续能源方面的"艾希顿奖"（Ashden Award）、"英国可再生能源协会奖"（British Renewable Energy Association Award）和"青苹果奖"（Green Apple Award）后，当地对可再生能源的热情更加高涨，可再生能源项目的实施也更加可靠。同时，这些公共措施也获得了进一步的政策支持来发展可再生能源。

就像许多成功的案例一样，项目最终进入了一个良性循环。但是，如果没有那些坚持不懈、不畏挫折，致力于发展可再生能源的人们，一切成功都无从谈起。

委员会的政策一如既往地支持可再生能源的发展。最近出台的《2025克里斯环境前瞻》（2025 Kirklees Environment Vision），其内容包括对减少温室气体排放的规定，要求全区要齐心协力实现碳均衡，提高对气候变化及其影响的认识，以及提高建筑物的环保标准。

为了达到政策要求，委员会为该地区使用可再生能源制定了远大的目标。内容包括

四个部分：

1. 从2005年起到2020年，议会建筑自身的碳排放减少30%以上。这一目标是根据1990年到2005年间，碳排放减少30%的成功先例而制定的。

2. 到2010年11月，在所有新建的委员会大楼中，实现利用本地可再生能源满足30%的耗能。

3. 根 据 地 方 发 展 规 划（the Local Development Framework），地区内所有新开发区必须通过提高能源利用率和综合利用可再生能源的方式来降低碳排量。所有住宅项目和500m² 以上的非住宅开发项目（包括新建、改造和转型建筑）计划通过引入可再生能源来减少其碳排放量，并实现到2010年至少减少10%，到2015年减少15%，2020年减少20%的目标。

4. 到2010年，可再生能源占该地区能耗的比例增加到10%。这是根据到2005年达到5%的原有目标而制定。尽管委员会在当地可再生能源推广上取得了相当大的进展，但是要达到这些目标还有相当长的路要走，因此，更大的项目必不可少。

采取的措施包括：

● 对本地可再生能源进行分析；
● 通过简易太阳能项目（the Simply Solar Programme）来促进并部分资助国家的太阳能热系统；
● 合作发展示范项目，如"太阳城"和ZEN项目等；
● 可再生能源基金（Renewable Energy Fund）筹谋为议会项目设立含212365欧元（20万英镑）的建设补助计划（Capital Grant Scheme）。

太阳城项目得到了可再生能源基金的资助，以及欧盟委员会和英国工贸部（the UK Department of Trade and Industry）的重

太阳城是一个由欧盟委员会（European Commission）资助的大型项目，在荷兰、英国和德国安装了超过3MWp光伏板。2000年到2006年期间英国安装的351kWp光伏系统就是在克里斯地区。

还有很多地区都安装了光伏系统：

- 在萨克维尔街（Sackville Street）31所住宅上进行了40kWp的改造，该街道属于雷文斯索普（Ravensthorpe）的克里斯社区协会社会住房综合体。
- 泰坦尼克制造厂（Titanic Mill）屋顶安装了50kWp光伏。作为纺织厂CO_2中和发展的一部分，开发商将制造厂转变成了130套豪华公寓。
- 樱草花山的113kWp光伏——该太阳能村落有着121幢新建和原有的住宅及公寓。
- 在蕨边（Fernside）的100所社会住宅和两所当地的学校上更新了110kWp的光伏板，其中住宅主要是为老年人和特殊人群服务的。
- 六所为老人和残障人员新建的敬老院上安装了40kWp光伏。

其他项目：

- ZEN第三市民中心：作为零排放社会项目（the Zero Emissions Neighbourhoods）的一部分，在哈德斯菲尔德中心的一栋主要的委员会建筑上安装了17.6Wp光伏、太阳能热装置和两个6kW风力涡轮机；
- 莫德格林小学（Moldgreen Primary School）：在重点光伏示范项目（the Major PV Demonstration Programme）和政府可再生能源基金支持下，安装了15.4kWp光伏板；
- 斯考勒项目（Scolar Programme）：克里夫住宅（Cliff House）0.8kWp。

樱草花山上新建的光伏住宅
资料来源：© Donna Munro

点光伏示范性项目的赠款。英国住房协会和劳里复兴（Lowry Renaissance）公司也为其提供了资助。有了这些钱，就不再需要向社区住房的居民收取费用。

改造内容还包括统一对旧房屋进行翻新，提升其能源效率和隔热性能，并改良某些类型的太阳能热水装置。

住房协会已经与安装方和克里斯市议会建筑服务部（Kirklees Council Building Services）签订了维修合同。

对问题、障碍、解决方案与建议的总结

积极的政策支持、广泛的民众参与度可促成数量可观的建筑安装光伏

前期成功的项目可促进更多优质项目的涌现。针对可再生能源，克里斯市议会出台了更多有益的政策和发展规划。早期成功的项目，使人们对可再生能源技术的信心倍增，在该领域持续发展的意愿也大大增强。

从 20 世纪 90 年代起，克里斯市议会就试图引导环保和能源产业的发展。1992 年，议会签署了《地球之友气候决议》（Friends of the Earth Climate Resolution），他们承诺：到 2005 年年底该市要实现温室气体减排 30%。在实现这个目标之后，议会又制定了更长远的减排目标。1998 年，能源与水资源保护基金（Energy and Water Conservation Fund）建立，它能够促进议会在能源与水资源保护方面的工作。克里斯市议会是唯一一个参与了英国排放贸易计划（UK Emissions Trading Scheme）的地方机关。

最近，克里斯市议会又掀起了一阵品牌重塑的风潮，其内容就包括重新设计议会标志，现在的热门候选方案是风机涡轮的图案。当下议会的一切活动都聚焦在四项基础的"目标"之上，其中一个便是"将克里斯打造为绿色生活的引领者"。

从议员为建立可再生能源基金投票开始，地方议员对克里斯的支持便是成功的关键。

对光伏这项新技术而言，实现其高效益与低成本不仅能有力证明其有效性，也有助于其获得外界的支持。要实现高效益，就需要创新，要扩大项目规模，并利用有效集成实现增值。例如，降低普通太阳能屋面的成本，且在向业主出售电力的同时，也出售可再生能源义务认证书（Renewable Obligation Certificates）。

成功的项目离不开初期的研究与宣传。例如，克里斯核算了项目对当地经济的影响，并将结果公布如下：

- 当地就业岗位增加，且居民平均职业技能得到增强；
- 有超过 42730 欧元（40 万英镑）的外部基金注入克里斯地区；
- 光伏项目引起了全国性的关注。

同时，项目的成功也激励了克里斯其他地区的居民，他们现在对在克里斯安装更多可再生能源设施表示大力支持。

管理有多个资金来源的复杂项目

资助可再生能源的基金来源广泛，这些基金可用于光伏系统等的日常开销上。然而，这些基金机构通常会提出一些特定的要求，包括哪些开销在资助范围以内，以及资助时长等。项目需有持续的发展动力、目标和时间安排，才能争取到并管理好这些资金。

对上述问题的解决途径如下：

- 在整个项目进程中，确保所有合作伙伴能够参与并履行承诺是至关重要的。需要有人起到带头作用。注：人选有可能是出乎意料的。
- 项目通常有多个基金提供资金来源。各合伙人均需履行其承诺，才能确保项目满足注资各方提出的要求。如果某些要求使项目管理的复杂程度大增，却只能带来少量资金支持，或许就得不偿失了。

安有光伏板的蕨边地区，归属于住房协会
资料来源：© Donna Munro

启动项目并在合适的建筑上安装光伏板

议会的政策旨在鼓励当地人在建筑上安装可再生能源设施，这将会涉及为数众多的建筑建造者和业主：

- 在项目发展的初期，开发商和当地议会间保持良好的联系会使项目妙趣横生。
- 个体开发者也许会对亲自去从事可再生能源项目感兴趣。
- 鼓励开发商或房主采纳的其他用户的建议，以便他们客观地看待这项技术。
- 对于住房协会来说，租户代表的参与尤其重要。他们可以协助系统安全及验收工作。一个了解项目情况的居民，能很好地对人们提出的问题予以反馈，甚至有能力参加专业的研讨会并与媒体交流。

如何处理多余的电量

建筑物中没有消耗完的电量将会"溢出"到当地电网中。在有些国家，人们使用这些额外输出的可再生能源要支付相应费用，但是在克里斯的项目中，收取上述费用是很困难的。而且从目前的情况来看，要想通过生产可再生电力来获取额外收入，也是不太可能的。

泰坦尼克工厂的屋顶光伏系统
资料来源：© Kirklees Environment Unit

截至目前，也只有大型可再生能源发电厂能够真正获得可再生能源义务认证书，并输出其生产的电力。证书的价值大约为 0.048 欧元/kWh（0.045 英镑/kWh）。尽管最近修改的立法简化了小型发电厂获得证书的程序；然而，房主要想获得并出售该证书，仍需要大量的书面工作和努力。

克里斯市议会环境部希望能让人们出售额外电力，并能共同从可再生能源义务认证书中获益。克里斯市议会代表太阳城光伏项目的房主进行了一项调查，以探求回销电力的可能形式。我们很容易想到，业主回销多余电力将会非常困难，因为其过程可能相当复杂，甚至可能还需要调高电价。然而自2005年8月发起调查开始，上述情况得到了改善。许多供应商表示愿意回购房主们生产的电力。于是委员会建议房主与电力公司协商，先调查清楚调整电价是否必要，以及对用户单位面积的能耗费用与产能收入比有多大影响。但是直到目前为止，大部分房主仍未获得销售额外电力的许可，且房主们集中销售可再生能源义务认证书一事目前看来也不大可行。于是克里斯市议会开始四处游说，希望提高清洁能源的售价，以及让小型发电厂更容易拿到可再生能源义务认证书。

就如何使发电的收益最大化，有如下建议：

- 从能源供需较为平衡的建筑做起。在克里斯，许多由光伏供电的建筑白天有着巨大的电力需求，能够充分利用房屋所产电能。敬老院、青年住宅和老年住宅都属于上述建筑类型。而对于有着130套公寓的泰坦尼克制造厂大楼，情况就有所不同，大楼内许多公寓在白天空无一人。于是，该楼光伏系统的所有者，也即为大楼提供能源服务的工厂电力集团（Mill Energy Services），想出了以下办法：白天，他们将光伏电力与生物质能做燃料的热电联合（CHP）系统结合，为地面上的公寓以及水疗休闲中心供能，来保持公寓的碳中性。

- 早期阶段的设计中要确保系统与当地电网的联系，并与电网分销商积极协商，这个过程非常重要。

位于蕨边旅馆太阳能村的住房
资料来源：© Donna Munro

必须有人负起责任，密切关注系统建设

通常人们认为光伏系统只需要少量的维护工作。而在克里斯，光伏系统也的确很少出现问题。尽管如此，一个高效的操作、维护和维修体系依然是不可或缺的。若要光伏系统持续发挥它的潜能，保持各部件的高效性，就需特别注意逆变器的维修及更换工作；系统还有可能出现逆变器停机或者被租户意外关闭等问题。并且系统维护和维修过程很有可能涉及私人财产的使用权问题，对于公寓建筑，可通过将逆变器安装在公共区避免产生上述问题。

对于学校和敬老院建筑，必须确保光伏系统有相应管理人员。在克里斯就曾出现过以下情况：某个站点的逆变器停机，系统显示有故障出现，然而在相当长的一段时间内都无人问津。原因竟是系统安装好后，人事发生了变动，而光伏系统缺少专门的留守管理人员。所以，尽管相关操作手册唾手可得，但我们仍需安排专职的系统管理员。克里斯市议会建筑服务部的员工在项目实施过程中已经受到了一些维修培训，现在，他们正设法让维修人员也接受正规的培训课程。

花钱安装光伏系统的私人业主会积极主动地维护系统的正常运行，但是一旦房子出售给新的业主，新业主就需要去了解光伏系统并且学习如何将它保持在最佳状态。除了让系统私有化外，还可以建立一个持有光伏系统的能源服务公司，并将系统交由其运行，这样的做法尤其适合于像泰坦尼克工厂这样的公寓建筑。

住房协会的租户需要了解他们所使用的光伏系统。在克里斯，除了住房协会发放的传单外，系统安装时，安装人员也会向人们介绍系统的操作。而若某房产有着固定居民与积极参与项目的租户代表，光伏系统的运行将会尤为成功。其他的后续工作则会在监测过程中进行。在蕨边的"太阳能村"，监测工作是由人工进行的，项目职员每月会视察房屋，同时也答疑解惑，并记录仪表读数。在先前最早安装光伏系统的房地产项目中，由于租户更换得相当频繁，所以当初系统安装时不在场的租户对光伏系统知之甚少。而现在为了避免上述问题，每一位新的租户都会得到一份详尽的房屋租户信息单。

美国，加利福尼亚州，兰乔科尔多瓦，"首府花园"新住宅开发区

克里斯蒂·海里格

摘要

这一新住宅开发区位于加利福尼亚州兰乔科多瓦市 (Rancho Cordova)，项目包括位于西边含有 95 套住宅的"首府花园"(Premier Gardens) 住宅区，以及东边拥有 98 套高能效住宅的克里斯雷红木住宅区 (Cresleigh Rosewood)。其中，"首府花园"的房屋拥有光伏系统及其他高能效设施，被称作是近零能耗住宅 (near-ZEH)。该项目将着重研究节能住宅与近零能耗住宅的性能对比。二者相似的设计和居住模式给人们研究近零能耗建筑提供了绝佳的机会，这也为加州能源委员会 (California Energy Commission，CEC) 的新太阳能住宅合作 (New Solar Homes Partnership) 项目的施行提供了基础，该项目旨在到 2020 年时，在加州 50% 的新建住宅中使用太阳能。这个计划将改变所有独立服务运营商 (Independent Service Operator) 在太阳能方面的激励分配机制，包括太平洋天然气与电力公司 (Pacific Gas and Electric，PG&E)、南加州爱迪生公司 (Southern California Edison，SCE) 和圣地亚哥天然气与电力公司 (San Diego Gas and Electric，SDG&E) 等，而项目本身也将成为美国其他地区的典范。

简介

兰乔科多瓦市有着近 6 万的居民。2003 年，这一位于加利福尼亚州萨克拉门托 (Sacramento) 市东侧的市郊社区，在行政级别上被确立为了城市级别。该地区现在小有名气，因为萨克拉门托周边这片地区的居民前些年决议将兰乔赛可 (Rancho Seco) 核电站提前关闭，并通过利用可再生能源和提高能效的办法代替核能发电。事实上早在 20 世纪 80 年代中期，萨克拉门托市政部 (Sacramento Municipal Utility District SMUD) 就在核电站旧址上建设了 2MW 的公用光伏发电设施。

萨克拉门托市政部 (SMUD) 1993 年的"光伏先锋 I"(PV Pioneer I) 项目是最早建设光伏屋顶的项目之一，客户若想将一公有的 2～4kWp 的光伏系统安装在自家的屋顶上，就需每月支付 3.8 欧元（5 美元／月）的"绿费"。在"光伏先锋 I"项目中，系统产生的电能是直接流入公用电网的，因此它并没有减少客户们的能源费用，而仅仅是客户们表示愿意为绿色能源买单的一种方式。

2000 年，能源危机出现，于是 2001 年，美国西部地区的客户们体验到了支付三倍能源费用的同时还轮流停电的滋味。不幸的是，历史总是要否极才可泰来。虽然加州早在 1998 年就有了激励光伏发展的财政方案，但直到能源危机期间轮流停电的遭遇才刺激了居民、建设者和开发者们跳上游行的花车。

SMUD 在兰乔赛可核电站旧址安装的 2MW 公用光伏发电设施

资料来源：© DEO/NREL, Warren Gretz

最先做出回应的有加州圣地亚哥的希氏住宅公司（Shea Homes），他们表示将会改变在圣安吉洛（San Angelo）中部的开发计划，即在总共 300 套住宅中新近建设的 100 套上安装光伏系统。被称作是零能耗住宅（ZEH）的圣地亚哥（San Diego）的光伏住宅，不仅是开发区中最好卖的房产，事实证明它们还有高出正常预期将近 17% 的转售价值（据 Farhar et al，2004）。

萨克拉门托市政事业部为继续推动光伏发展，积极支持开发新住宅即零能耗住宅项目，而开发"首府花园"就是其中的一部分。其中与太阳能相关的活动转变为与新住宅建筑商的配合。无论是对于萨克拉门托市政事业部还是建筑商，"首府花园"项目都是第一个全面开发近零能耗住宅的项目。项目还隶属美国六大能源部门之一的（US Department of Energy）"建设美国"（Building America）项目团队，即现称作建筑产业研究联盟（Building Industry Research Alliance，BIRA）的组织。BIRA 拥有来自建筑、太阳能、能效、公用事业以及研究分析等各领域的 28 个合作伙伴。其他来自 BIRA 团队的项目参与者还包括康索尔公司（Consol）和通用太阳能（GE Solar）。太平洋天然气与电力公司（Pacific Gas and Electric）还提供了住宅燃气使用情况以作分析之用。

低能耗社区开发

"首府花园"住宅区和克里斯雷住宅区就如何划分加州兰乔科多瓦市的开发地块达成了贸易协定。开发后的社区包含了西边"首府花园"的 95 座近零能耗住宅，还有东边克里斯雷红木住宅区的 98 座节能住宅。

从总图中可以看出，有很多住宅是相互毗邻的。这种并排布置的社区使人们有机

西边近零能耗住宅和东边节能住宅的总平面图
资料来源：© Premier Homes and Cresleigh Homes

会充分研究近零能耗住宅的性能究竟比建造节能住宅好多少，在此之前，人们只能用模型来模拟。研究的结果也为加州能源委员会（California Energy Commission，CEC）的新太阳能住宅合作（New Solar Homes Partnership）项目的施行提供了基础，该项目旨在到 2020 年时，实现在加州 50% 的新建住宅中使用太阳能。

首府住宅公司（Premier Homes）是萨克拉门托市一个中等规模的住宅建筑商，他们每年新建 70 ～ 90 座住宅。在开发"首府花园"之前，首府住宅公司仅仅建造了两所安装有光伏系统的住宅。且因为缺乏内部的专业技术，公司只能依靠 BIRA 团队的帮助来进行"首府花园"开发项目的设计、建造和营销。他们是率先将光伏系统标准化的建筑商之一，而不仅仅是将光伏系统作为提供

在"首府花园"低阶层住房开发项目中，所有房屋的屋顶上都安装了由通用电气能源公司（GE Energy）生产的 2.2kW 光伏系统

资料来源：© DEO/NREL, Premier Homes

给客户的一个可选配置。他们设计的光伏系统是一个 2.2kWp 的、安装在倾斜屋面上的系统，该屋顶由通用电气太阳能公司生产。而逆变器则采用的是"阳光男孩"SMA2500 型。

SMUD 为光伏提供了 5270 欧元（7000 美元）的资金，为节能设施提供了 377 欧元（500 美元）。其他用于建设光伏系统和节能设施的的附加开销总计 11723 欧元（1.5 万美元）。此外，SMUD 采用了分层收取电费的措施。每个月的头 700kWp 按 0.06 欧元/kWp（8 美元/kWp）收取，高出部分则按0.113 欧元/kWp（15 美元/kWp）收取。"首府花园"住宅的用电量很好地控制在了第一梯度，而克里斯雷花园住宅的用电量已经达到了第二梯度。

项目的开发规划有能源方面的考虑，因此根据以往经验，为了让光伏板最大化地输出电量，光伏板的朝向应该都是向南的。然而，由于居民的空调用电，公共用电负荷的高峰会出现在一天中较晚的时候。此时，提供最大发电量的是西向的光伏阵列，因此西向光伏板可显著缓解用电高峰的负荷。不同朝向的屋顶满足了打破屋顶轮廓线的美学需求，也可适应高效的用地布局。参考当地居民的用电特点，当光伏板为东西时，对公共电力系统贡献将最大。在这个开发项目中，东西朝向的光伏板比南向的光伏板的产电量仅仅低 5%。而在高纬度地区，这一损失会更大一些。该项目中，有 60% 的住宅朝南，24% 的住宅朝西，还有 16% 朝东。

业主

除了能源分析，项目开发者还进行了人口统计和居民态度调查（Hanson 和 Bernstein，2006）。结果显示，居住舒适度和业主满意度都有提升。

研究得到了美国能源部"建设美国"项目的资助与支持，并由专门进行政策变化研究的非营利智囊团——兰德公司（RAND Corporation）主持进行。研究结果显示，业主对住房能耗性能很感兴趣。2005 年 10 月，开发商与"首府花园"和克里斯雷红木住宅区的业主们进行了专门的小组讨论。兰德公司提醒人们注意，由于"……定向研究方法具有局限性，且调查中样本较小，因此，研究只能看作是初步结果和暂时性的结论……这份报告可以看作是一个旨在分享初步成果的'工作汇报'，目的是广开言路，集思广益，并继续改变人们的购房观念。"

以下是对近零能耗住房购买者与非零能耗住房购买者的比较的研究：

● 近零能耗住宅购买者更加年轻；
● 近零能耗住宅购买者的收入较低；
● 近零能耗住宅购买者受教育水平较高（持有高等学位的人数约为后者的两倍）；
● 近零能耗住宅购买者在购房前会参观更多其他的住宅（高于后者次数的两倍）。

"首府花园"新住宅开发项目中的零能耗住宅鸟瞰照片
资料来源：© Sacramento Municipal Utility District

建筑商的益处

最初考虑开发这个项目的时候，建筑商要求"首府花园"列出其各项目标。而当2006年10月人们重新审视这些目标时，首府住宅公司的销售总监John Ralston说道，"首府花园"不仅达到了这些目标，其中很多还超额完成。下面让我们来看看这些初始目标，以及它们是如何被实现的：

● 让他们有别于其他建筑商。作为首个开发近零能耗住房的项目，"首府花园"当然与众不同。然而实际上，在低阶层住房看起来都大同小异的萨克拉门托地区，屋顶上的光伏板能更多地吸引来往客户的眼球。

● 促进创新建设，提高能源效率，加强能源意识，构建优良社区。"首府花园"和克里斯雷的住宅价格是相近的。二者不同之处仅在于后者使用了标准花岗石台面以及前者的近零能耗性质。而首府住宅公司的销售人员懂得如何在营销中利用人们节约用电的社会责任感。值得一提的是，分析结果促使国家出台了更多的激励政策来促进住宅能源性能的提高。当然，这些政策是基于不同等级的住宅性能而定的，并非一概而论。

● 吸引大众注意，加速销售进程。尽管首府住宅开工较晚，但其中的房产则早于克里斯雷售罄。

● 继续构建光伏系统。自2006年起，首府住宅已经建造了250座光伏住宅。

- 增强竞争力，在与克里斯雷及其他萨克拉门托建筑商们的共同发展中获取优势。光伏住宅的销售超过了普通标准住宅。
- 争取 SMUD 的支持，保持优势，并建设零能耗住宅。SMUD 提供了建设近零能耗住宅设备将近一半的费用，即 5647 欧元（7500 美元）。
- 使售出的零能耗住宅更具转售价值。圣地亚哥的希氏住宅公司（the Shea homes）的市场调查显示，其住宅的转售价值提升了 17%（Farhar et al,2004）。
- 当其他建筑商只将零能耗作为更高层次的一种可选项时，首府住宅公司已将其作为标准配置出售，从而让入门级住宅的买家也能买得起。

此外，首府住宅公司也因当地乃至全国的媒体关注而节省了一笔广告费用而受益匪浅。他们在购买者心中的信誉，在兰德公司的研究中得到了有力证明。首府住宅以 4:1 的投票比例，完胜克里斯雷。

首府住宅公司创新的设计和成功的营销，不仅获得了整个建筑住宅行业的尊重，还获得了由全国住宅建筑商研究公司协会（National Association of Home Builders Research Corporation）举办，美国能源部资助的"住宅能源价值奖"（Energy Value Housing Award）。

首府住宅公司估计，如果仅将光伏系统作为附加系统来安装会比标准化安装的成本多 40%。尽管这部分费用只占光伏系统总成本的 10%，但因为大多业主是首次购房，且住房消费水平较低，所以建筑商的利润率通常处在最低值。首府住宅公司还根据购房者的共性，精心研究设计其营销策略。Ralston 及其销售人员都在努力通过与大众沟通来了解零能耗住宅对于潜在购房者的益处。这项

工作并不容易，它需要一个简洁明晰的方向与安排。首府住宅公司相信他们现在可以将节约成本作为一个卖点，因为"首府花园"的实践已经为节约能源成本提供了可靠依据。

首府住宅公司的大多数员工们对自己所做的工作都引以为豪，他们相信自己建造的住宅将提高人们的生活水平。有些员工还购买了首府住宅公司的零能耗住宅。尽管这些住宅的好处现在还难以衡量，但无论如何，对于首府住宅公司的雇员们来说，它还是很有意义的。

节省能源费用

克里斯雷与首府住宅公司的住宅规模虽然大致相似，但是其能源性能却存在着诸多差异。克里斯雷建造的住房加入了"SMUD 优势计划"（SMUD Advantage Program），因此需达到加州"24 号议案"中（California Title 24）的要求，即减少 30% 的夏季制冷支出。"首府花园"的住宅有着光伏系统以及额外的节能特性，比如高效空调、使用比白炽灯节能的荧光灯照明以及能节约制冷损失的空调埋管技术等。

人们对从 2005 年 3 月到 2006 年 2 月这 12 个月的节能数据进行了分析。在没有光伏系统之前，"首府花园"比克里斯雷住宅的月平均用电量少 9.3%，而安装光伏系统之后少 53.5%。

"首府花园"的业主们有一个共同点，即在他们看到夏季电费的账单时都感到很开心。夏季零能耗住宅最高的电费可能会有 45.2 欧元／月（60 美元／月），但是他们那些更小的老房子的电费则会超过 150.6 欧元／月（200 美元／月）。首府住宅的平均电费为 30.1 欧元／月（40 美元／月），克里斯雷花园的平均电费为 42.2 欧元／月（56 美元／月）；而 SMUD 统计的住宅平均电费为每月 55.0 欧

元（73 美元／月）。由此可见，近零能耗住宅的电费比普通住宅低 45%，比节能住宅则低 25%。

"首府花园"实现节气则得益于其埋管技术、高效率炉灶、改良的顶棚保温技术和无水箱式热水器。克里斯雷开发项目设计的非零能耗住宅，其节能表现已超越了加州严格的能源标准 30%。而"首府花园"的近零能耗住宅比克里斯雷住宅的能耗还要再节约 44% 之多。

系统的需求高峰是 SMUD 乃至全国的公用事业都非常关心的问题。萨克拉门托 2005 年 7 月的"热暴"是评估各社区系统高峰时性能的最佳机会。在这一个月当中，白天平均最高温度为 36.7℃（98°F），最低温度为 18.3℃（65°F），都是该地区有史以来的最高纪录。SMUD 将 2005 年 7 月 15 日下午 5 时的记录设定为新的系统高峰需求标准，比之前的标准高 5%。

平均来看，在用电高峰时段，"首府花园"节省了 60% ~ 70% 的用电。然而，对于独户的住宅来说，由于光伏系统朝向差异，节电

表现就各有不同了。因为空调的使用，用电高峰通常出现在傍晚时刻，所以如果所有的光伏板都朝向西的话，平均峰值负荷将会减少到 0.75kW。总的来说，朝向差异导致的年产电损失量不会超过 5%（对南向光伏板而言，纬度变化会导致产电量降低）。

对问题、障碍、解决方案及建议的总结

建筑商缺乏光伏方面的专业技术

作为一个中等规模的建筑商，首府住宅公司缺乏设计集成光伏系统所需的内行专家。于是，当地公用事业单位、SMUD 和美国能源部的"建设美国"项目为其提供了专业技术的支持。

对打破屋顶轮廓线可能造成的隐患的担忧

早期，有很多人认为目前这种打破屋顶轮廓线的住宅设计趋势会对光伏系统的设计和发电带来不利影响。但是如今在 SMUD 的业务中，这种被打破的屋顶轮廓线已经不再被视为一个障碍了。由于公用事业部门和建筑商都很重视西向光伏板在用电高峰期的作用，而使系统更加符合电网在下午出现高峰的特征。当然，北方高纬度地区例外。

参考文献

BUND Regionalverband Südlicher Oberrhein (2002), 'Veröffentlicht Regionale Umweltgeschichte (Südbaden, Elsass, Nordschweiz)', http://vorort. bund.net/suedlicher-oberrhein/tag-der-regionen-2002.html, accessed 2 October 2002

Farhar, B. C., Coburn, T. C. and Murphy, M. (2004) *Comparative Analysis of Homebuyer Response to New Zero-Energy Homes*, NREL Report No. CP-550-35912, NREL, Golden, CO

Fesa, e.V. (2002) 'Die Bewohner machen die Solarsiedlung zu dem, was sie ist: Ein liebenswertes Wohnviertel für groß und klein', *Die Solarregion*, March, p9

Hanson, M. and Bernstein, M. (2006) 'The role of energy efficiency in homebuying decisions: Results

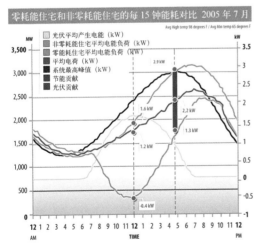

由于安装了节能设施和光伏系统，公共设施的高峰期用电显著减少

资料来源：© Sacramento Municipal Utility District

of initial focus group discussions', RAND Working Paper, RAND, Santa Monica, CA

Kerr, R. and Baccei, B. (2006) *Occupied Home Evaluation Results*, US Department of Energy Building America Report 12.E.2, November, Washington, DC

Kerr, R. and Baccei, B. (2007) *Building America Research*

Highlights Report, US Department of Energy Building America Report 16.A.1, February, Washington, DC

Mayer, A. (2007) *Freiburg und Umwelt: Alles Öko in der Umweltstadt?*, www.frsw.de/oekohauptstadt.htm, accessed 7 August 2007

第 3 章 规划中的城市规模光伏发电系统案例

丹麦，渥尔比，渥尔比"太阳城"

肯·H.B.·弗雷德里克森

摘要

渥尔比（Valby）位于丹麦哥本哈根市（Copenhagen）郊区，该地区在环境议程中制定了相当宏伟的环保目标。其中一个目标便是，到 2025 年，使该地区每年 10% 的能源需求由光伏发电满足，而为实现这个目标，该地区的人们必须安装将近 30 万平方米的光伏元件。

为了确保渥尔比太阳能发电项目（Valby Solcelleværk project）成功进行，人们确立了一些初步的行动计划：

● 研究该市潜在的光伏安装数量；
● 对当地的参与者和居民进行教育宣传；
● 开发由多方资助的示范性光伏项目。

简介

渥尔比坐落在哥本哈根市中心西侧几公里处，有着近 5 万居民。该地区因其动物园所在的渥尔比山（Valby Hill），以及嘉士伯啤酒厂（Carlsberg Breweries）和诺帝斯克电影厂（Nordisk Film）而闻名。

在渥尔比的建筑区中，有一大片居住区，其中有近乎相等数量的公寓与独户住宅，还有一部分是民用住宅、商店和办公场所。而渥尔比西边的区域则是小型工业区。

渥尔比的环境议程在丹麦全国都有一定的名声，因为他们有全丹麦有史以来最具野心的生态项目。该项目的目标是：在哥本哈根能源与城市复兴委员会（Copenhagen Energy and Urban Renewal）的配合下，实现由光伏系统供应全区每年 10% 的用电。为实现该目标，他们计划到 2025 年时安装总计 30 万平方米的光伏板。而为了使项目顺利启动，他们计划 2012 年之前首先安装 $500m^2$ 光伏板。

该项目的策略将成为一个十分重要的模板，来告诉人们怎样将大型光伏系统与整座城市有序整合。

目前，渥尔比地区的用电高峰负荷将近 25MW。他们计划首先利用节能手段将高峰负荷减至 20MW。之后，再利用容量为 10MW 的光伏系统将公共电网的负荷减少 50%，并使其在晴天时承担全区约一半的用电量。

光伏项目说明

渥尔比太阳能发电项目的思路是：通过在渥尔比适宜地段的建筑物和城市设施上安装多个小型光伏系统，组成一个大型光伏系统。最终的预期结果是，光伏系统生产数量可观的电力，并承担渥尔比大量用电需求。

该项目的行动计划包括：

- 分析城市各区域，并为光伏系统选择适宜安装区域；
- 在选择发展光伏的区域，与当地建筑协会、公共机构、企业沟通；
- 开展光伏示范项目；
- 利用电脑模拟图来宣传光伏建筑；
- 举办大型活动，并使光伏的融资过程市场化；
- 在 2012 年之前安装 5000m² 光伏板。

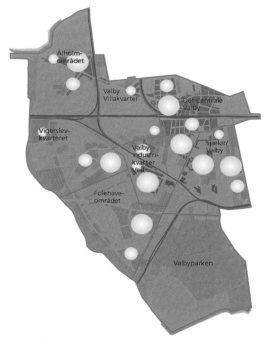

渥尔比地图，图中标示出的是最适宜安装光伏的地区
资料来源：© Hasløv & Kjærsgaard

有着大屋顶的南侧威尔斯利地区，出于建筑风格考虑，只有很少一部分房屋会安装光伏系统
资料来源：© Hasløv & Kjærsgaard

渥尔比地区光伏发展潜力

渥尔比区光伏发展潜力研究结果显示：综合考虑现有建筑、屋面材料以及屋面和外墙的朝向等因素，在全市现有的 28.5 万平方米屋面上共可安装 11.5 万平方米光伏板。为此，他们特意制作了一张地图，详细标注了渥尔比各个区域可能的光伏系统安装量。在这项有关光伏开发潜力的研究中，他们还未考虑要改造的地区，在这些区域中，他们可在建筑墙面、立面及小型城市设施等上安装光伏系统。

渥尔比的中心区有大批 20 世纪 20 年代所建的红砖赤瓦的建筑。而在渥尔比北部的欧托（Ålholm）区，房屋形式则主要是一些公寓楼。

在南部的威尔斯利（Vigerslev）区的威尔斯利文街（Vigerslevvej）和渥尔比兰戈（Valby Langgade）街两侧，有许多联排的三层房屋。人们可以很容易从四周看到这些房屋的屋面，因此，除在有着南向联排房的汉斯特帝文（Handstedvej）、马伊布文（Maribovej）地区和渥尔比岛（Valbyholm）街区外，这一地区并不适合安装光伏系统。

因此人们不得不在此安装独立、分散的光伏系统，例如在汽车顶棚上或是在温室屋顶上，并且还要考虑这里建筑的制约。

与居民的对话

早在"太阳城"（Soli Valby）项目初期，人们就意识到了让渥尔比居民参与到项目中的必要性。于是，项目在一开始就非常注重与当地居民、工业和公共机构的沟通对话。

在现有的城区安装 30 万平方米光伏板并非易事，况且还有好多建筑并不适宜安装光伏系统。安装光伏系统需要建筑屋面和外墙有适宜的朝向，并且安装过程还会显著改变一些建筑的表皮和建筑风格。因此，渥尔比光伏集团（Valby PV Group）希望在迎接挑战的同时，力争使光伏发展计划与市区建筑相协调，因此早在项目开始前，他们就开始与丹麦最优秀的建筑师沟通。

光伏示范性项目

从 1999 年起，渥尔比光伏集团就着手开发该项目。项目的第一步是要在渥尔比现有建筑上安装光伏系统。这样一来，所安装的光伏系统就会起到示范作用，也将成为后期更大项目的敲门砖。另外，集团还想将装有光伏的建筑模型放在展览会上展出，并与公众开展夜间讨论会。

Cenergia 公司（Cenergia）已经在渥尔比安装了近 9kWp 光伏设备，而这整个过程都隶属于受到欧盟资助的"兆卡"计划。2002 年，另外三个拥有建筑一体化光伏元件的试验项目也落户渥尔比，这些项目中还应用了散热和入室空气预热处理等系统。

渥尔比学校的屋顶已经安装了 43kWp 光伏板。系统有很好的隐蔽性，人们在地面上是看不到该系统的，并且，对这些设备的学习还成为学校日常教学的一部分。

为了培养大众对光伏和能源优化的兴趣，项目人员开发并建成了"二氧化碳中和屋"（CO_2 neutral house）。这座房屋应用了空气集热器／光伏屋顶一体化技术，并被展出在渥尔比的托夫特高斯广场（Toftegårds Square）。

由于哥本哈根的公寓价格很贵，很多楼房业主都将以前从未使用过的阁楼也用作新公寓。还有一些人重修楼房的平屋顶并加建新楼层。作为对这些行为的回应，项目人员便建起了这座装有光伏系统的碳中和屋顶公寓。公寓采用预制的方式，因此可以以较低

渥尔比学校的屋顶已经安装了 43kWp 光伏板
资料来源：© Cenergia

为哥本哈根开发的碳中和屋顶公寓，且安装有光伏系统
资料来源：© Cenergia

一栋工业大楼的电脑模拟图，大楼配备了 1500m² 光伏模块

资料来源：© Hasløv & Kjærsgaard

的成本在现有建筑上加建而成。公寓还在屋顶窗户上集成了薄膜光伏元件用于遮阴。

制作光伏建筑电脑模拟图也可以帮助业主在楼房上安装光伏系统。人们首先为一栋配备有 1500m² 光伏元件的大楼绘制了电脑模拟图。再结合节能蓄热设施，就有了一栋完全碳中和的大楼设计方案。综合考量系统操作、维护和投资（包括其中 50% 用于安装光伏的资金）等方面，项目在 30 多年来一直保持收支平衡。目前，项目的概念还在进一步发展之中。

财政与可持续规划

渥尔比光伏集团从一开始就努力使渥尔比地区的每一个项目都保持合理的经济结构。在头几年，集团的运营一方面依靠公众对光伏项目的支持，同时，他们也积极寻找其他融资方案，来降低私人购买光伏设备的成本，以使商业和公共机构更愿意安装光伏设备。

渥尔比光伏集团还预计，光伏设备价格会逐步下降，电价也将逐步提高，所以，几年之内项目就可以维持自身的可持续发展了。

光伏项目的现状及未来规划

目前，项目工作的重点是拟定一个当地光伏系统应用的最优策略。诸如通过举办建筑竞赛，来探索在各种不同建筑上整合光伏元件的最优方案。因此，他们必须首先了解渥尔比哪些地方可以安装光伏系统，并且还需将结果可视化，而丹麦建筑师 Hasløv 和 Kjærsgaard 正是在后一方面卓有贡献。

在建筑一体化光伏示范性项目的进程中，诸如光伏系统所有权等一系列问题都需要划分清楚。比如，系统所有权可以由公用事业公司、业主、甚至是地方机构共同持有，而他们又同属于某光伏协会。

将绿色光伏电力出售给有环保意识的消费者是一个有趣的想法，典型的例子就有瑞士的光伏证券交易。

还有人建议说，光伏的发展应与节能节电紧密相连。

目前，包括开设网站（www.solivalby.dk）等项目宣传工作正在紧锣密鼓地进行中。项目一开始就获得了欧盟的资助，并与欧盟五国（英国、丹麦、荷兰、瑞士和德国）的"复兴"（Resurgence）能源示范项目联系紧密。而随后，丹麦的"太阳能 1000"项目（SOLAR 1000 programme）也将给予资助。

渥尔比光伏实施委员会已经决定将应用光伏作为节能和"太阳城"政策的一部分，并规定区内的现有建筑以及翻新建筑都应当力求最大化地节能。

对问题、障碍、解决方案及建议的总结

经济

项目的主要障碍是成本问题。由于光伏项目初始投资很高，系统的建设需要一定的资金支持。而在丹麦并没有馈网电价政策，因此对项目感兴趣的业主只得依靠电价的扣减，但这在经济上并不足够诱人，也就不足

以吸引招商引资。

项目已经向国家和欧盟申请资助。随着资助的增多，光伏系统的安装价格也有了降低的可能。另外，也可将系统做成多功能的光伏建筑一体化（BIPV）产品。若系统有了其他用途，比如遮阳，业主通常更愿意支付系统带来的额外费用。还有一种方法可以优化融资过程，即将光伏系统与节能措施结合起来，以减短光伏系统本身的投资回收期。

缺乏光伏方面的知识

对于光伏系统及它的使用方式，人们还不甚了解。由于缺乏完善的市场供应机制，光伏系统的一些潜在客户想要受到专业指导并不容易。各利益相关方缺乏专业知识也是一个普遍现象。

渥尔比社区委员会是参与建立哥本哈根"太阳城"（Solar City Copenhagen, SCC）项目的机构之一，SCC 旨在将包括渥尔比在内的整个哥本哈根打造为太阳能系统和能源优化的示范地区及发展中心。利益相关方若有任何疑问，都可与 SCC 取得联系并获得专业援助。在系统规划阶段，SCC 还可在建筑设计及技术方面提供咨询服务。同时，SCC 还会在工作时间外举行宣讲会，为民众深入了解光伏系统提供机会。

Holger Blok 的访谈记录

光伏将会是未来最重要的能源之一。由于这种技术的洁净性及生产过程中的无噪声、无有害排放和无废物的特性，而使其成为在建筑中使用可再生能源的不二选择。光伏的好处还远不止如此，它还可以实现除能源生产以外的多种用途，例如在建筑一体化应用中实现太阳能遮阳。

随着独立房屋业主提供的电力占国内总电力消耗的比例越来越大，光伏将会对 EnergiMidt 等能源公司产生巨大影响。电力输送等基础服务的营业额将有所下降。市场环境的这种变化将会给电力行业带来巨大冲击。我坚信，光伏产业将带来发展新的商机，且效益远不仅仅是弥补上述营业额减少造成的损失。

鉴于消费者的电费将会继续增长，且光伏成本必然逐步下降，未来电网平价是大势所趋。我希望，能有越来越多我们的客户关注光伏系统，与此同时我们公司的商机也会因此而大大增加。也因此，我认为能源公司的业务应当从单一的电力供应转化为全套能源供应服务。

Holger Blok 是 EnergiMidt A/S 公司的首席执行官。该公司是丹麦日德兰半岛地区的一家经营能源与宽带的公司，有着 17.2 万用户
资料来源：© EnergiMidt A/S

市政部门的城市规划

出于建筑美学方面的考虑，市政部门在所做规划中禁止人们在建筑最显眼的部位安装光伏系统。为解决此问题，对于平屋顶光伏系统及系统整合等问题，人们必须想出新的办法并对其实用性加以验证。

法国，里昂，里昂汇流区

布吕诺·盖东

摘要

在大里昂（Grand-Lyon）区，继弗以伊高地（Les Hauts de Feuilly）和达赫莱泽（La Darnaise）的两个早期成功项目之后，又有了目前位于里昂市中心的罗纳河（Rh?ne）和索恩河（Saône）形成的半岛地带的光伏项目，未来，这里将是城市重点开发的区域，而"里昂汇流区"（Lyon-Confluence）指的正是半岛的南部。长时间以来，工业和物流占据着城市产业的主要地位，而现在，城市正悄然发生着剧变。未来 30 年的重要开发项目将使里昂城市中心面积增倍。可再生能源和可持续发展现在是重要的发展方向，尽管事情一开始并不是这样。早期，光伏在人们心中的形象很是糟糕：与高密度城市地区毫不匹配，也不适用于高质量的建筑项目。但现在人们的观点已经改变，他们现在将光伏视作一项易于操作的技术，且与大型城市项目很契合。

简介

大里昂是一座有着 140 万居民的集合都市，是法国的第二大城市，靠近瑞士和意大利边境。里昂的中心区是罗纳河和索恩河形成的半岛，"里昂汇流区"即指的是该半岛的南部。这片土地最初是由人们填河产生的，

而现在，由于这里汇集了众多强调大空间与独特城市景观的项目，场地正逐渐恢复其原始面貌与自然环境。项目将最终使里昂市中心面积增大一倍，这是在欧洲少有的成就，对城市而言，他们将面临真正的挑战，而对居民而言，这也是难得的机遇。

通过里昂汇流区的项目，大里昂希望能为市中心吸引来更多的就业机会、服务设施、知名院校以及重要的大型活动，使这里成为真正的大都市，而这一切都是为了在未来把里昂打造为国际化大都市。

项目的目标是：

- 建立一个新的城市中心社区，来提高大里昂的信誉和影响力；
- 改造工业和物流行业的废弃土地；
- 开放南部半岛，大力发展公共交通；
- 突出城市中的两条河流及其区域的景观；
- 创造新颖、有吸引力的城市休闲方式。

里昂汇流区 SPLA（SPLA Lyon-Confluence）是一家负责城市规划的半公共性公司，自 1999 年成立以来，一直追求一个实际而平衡的可持续发展模式。

城市规划方案的发展与演化

光伏系统将首先被安装在里昂汇流区地产开发项目中的三块区域中，这其中包括总共 620 套住房、办公室和商店。另外，还有 5 座标志性建筑也会被安装上光伏系统，并且，将来数量也许还会更多。

一个由建筑师和规划师组成的团队在 2000 年底做了一项研究。研究表明，项目最大的挑战是如何通过 30 年的规划建立一个新的城市中心，其中包括 120 万平方米的新建筑（住宅、商业建筑、服务设施和文化基础设施）及大约 6 万平方米的改造建筑。

2001 年当选的新一届政府将可持续发展作为项目的核心并提供政策支持。现在，这里已经有了一套综合的可持续发展策略，涉及地面去污、交通重组、水资源保护和可持续能源等方面。

2003 年，专业工程小组对此项目的环境适应举措进行了分析研究，并指出：项目的主要不足是能效低下，且缺少对可再生资源的利用措施。

为了弥补这一不足，SPLA 里昂汇流项目公司成立了一个由当地专家组成的非正式团队，他们负责为项目出谋划策并帮助项目制定能源策略。研讨会的焦点将放在建筑的节能表现及相关的可再生能源等方面。目前，项目将高举节能的大旗是显而易见的，但是关于节能性能需达到什么水平，团队并没有达成一致。有人担忧高成本和光伏的革新性很可能妨碍建筑的商业化，而进一步导致所设计的建筑节能性只能略微高于规定，并且所安装的太阳能集热器只够加热生活用水。

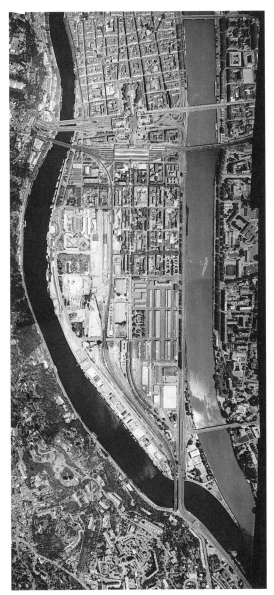

项目初期里昂汇流区概览
资料来源：© Desvigne Conseil pour Lyon Confluence

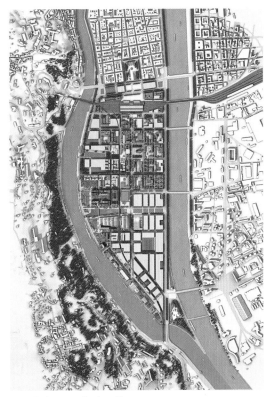

项目完成后里昂汇流区总图
资料来源：© Asylum-Axyz pour Lyon Confluence

Hespul 公司是一个咨询服务组织，也是团队的成员之一，它呼吁人们应当积极响应欧盟委员会发起的 CONCERTO 项目（CONCERTO initiative），该项目旨在支持创新型城市项目，并在节能与可再生能源方面树立宏伟目标。2003 年 12 月，一份有关渥尔比地区第一批房屋建设的提案被提交至欧盟委员会，其中提出的目标包括：

- 每年用于供热的最大能耗为 60kWh/m^2（不到法国规定的 40%）；
- 80% 的供暖和生活热水需求来自可再生能源；
- 公共电力的 50% 来自可再生能源。

"复兴"项目属 CONCERTO 项目下，同样由欧盟委员会资助，项目内容包括在里昂建造 7.5 万平方米配备可再生能源系统的节能环保建筑。

作为"复兴"项目的一部分，三处在建的房地产项目将会配备光伏系统：

- A 区 80kWp，由 Nexity Apollonia 公司建造；
- B 区 100kWp，由 Manignan Bouwfonds 公司建造；
- C 区 50kWp，由荷兰国际房地产（ING Real Estate）建造。

在"复兴"项目中积累的经验使里昂汇流区 SPLA 公司——这一半官方的组织负责城市规划——改进了针对其他建筑的设计指南，并要求他们使用光伏系统。因此，这一地区的其他标志性建筑物上不久也将出现光伏系统的身影，它们包括：

- 当地报社勒普洛古莱(Le Progrès)的总部；
- 大型建筑公司埃法日集团(Eiffage)总部；
- 大区委员会（Regional Council）大楼；
- 自然历史博物馆（Natural History Museum）。

2004 年 3 月，欧盟委员会评估了这个提案，并给予其很高的优先发展级别，里昂汇流区 SPLA 公司很快为开发商们深化了它的指导方针，明确了建筑及环境方面的要求，并提出了技术细节上的建议。

2005 年 1 月，他们找来了三家地产商，安排他们各自负责项目一部分的建设，并要求他们遵守建筑、环境和能源设计指南的规定。为了满足设计指南中对可再生能源的要求，各个开发商在建筑设计中都使用了木屑锅炉、太阳能热水和光伏等系统。

在项目开始后的两年中，人们召开了各种会议和研讨会，来协助建筑师、工程师和开发商完成建筑设计。人们首先讨论了建筑表皮，以期能达到降低能耗同时不影响建筑外观的目的。在第二阶段，人们重点讨论了木屑锅炉以及光伏系统。而项目之初，开发商曾认为这些讨论对这样大型的城市项目来说无关紧要。

通过一系列的实地考察、课程培训和技术分析，开发商们逐渐认识到，尽管成本问题还没有完全解决，但光伏技术并非难以掌握。2006 年，光伏系统取得了第一次商业成功，房屋售出后并没有出现负面反馈，因而打消了人们对成本问题的担忧，同时也向开发商们展示了光伏节能建筑的市场前景。

截至笔者撰写这本书时，大部分的基础设施都在项目中发挥了作用，譬如港口，公园，道路，网络以及电车等设施的建设就已完成。尽管第一部分房地产项目还未完工，但项目在当地及法国全国已经有了极大的影响。

在地方层面，里昂汇流区 SPLA 公司按照在第一个建筑改造项目中运用的能源策略来改造该地区其他建筑物。因此，这一区域的其他几个标志性建筑物也将装上光伏系统，例如私营企业的总部大楼，大区委员会大楼以及自然历史博物馆。

而在法国的其他地区，负责城市能源规划的机构也纷纷效仿 SPLA，将节能要求纳入他们选择开发商的标准。

对问题、障碍、解决方案与建议的总结

世界范围内的可持续发展项目中缺少可再生能源系统

2003 年，专业工程小组对此项目的环境适应举措进行了分析研究，并指出：项目的主要不足是能效低下，且缺少对可再生资源的利用措施。

因此，负责该项目的机构组织了一批里昂当地的专家，来为此项目制定能源策略。同时，对于欧盟委员会在 2003 年启动的这批项目，CONERTO 项目一定程度上也帮助其确立了能耗与可再生能源供应目标。

如何让开发商愿意在节能建筑中使用光伏系统？

SPLA 计划建设一批节能示范型建筑。他们的目标，并非单纯在非节能建筑上硬安装光伏发电装置，而是要设计并建造出同具建筑学美感与生态学价值的节能建筑。

另外，在总方针中他们只规定了光伏发电在总耗电量中所占的份额，而非建筑单体光伏安装量。这样的规定有助于能源利用的合理化。因为，如果公司在建筑节能工作上投入得足够多，建筑的能耗就会降低，所需的光伏发电绝对量也就相应地减少。因此，建筑越节能，所需安装的光伏装置就越少。

工程小组与开发商在相关知识上的匮乏

尽管在用于选择开发商的方针中，SPLA 强调了团队中设置专业的节能与可再生能源系统工程小组的重要性，但事实上，工程小

由欧盟在 CONCERTO 项目下资助的项目，在里昂汇流区建造的节能建筑，配备有光伏系统及其他可再生能源系统
资料来源：© Depaule/PAD/Asylum pour Lyon Confluence

里昂汇流区安装有光伏遮阳板的办公楼
资料来源：© Bremond/Lipsky-Rollet, Asylum pour Lyon Confluence

里昂汇流区当地勒普普洛古莱报社屋顶上的光伏板
资料来源：© SPLA Lyon-Confluence

组中所谓的专业人员并没有使用光伏发电的实践经验。

为了应对这种情况，公司成立了一个由里昂当地的专家组成的小组并将其纳入CONCERTO项目，其任务是在项目的各个阶段——从前期设计到光伏发电装置的安装——对工程小组加以协助。该小组同时也组织了一些现场考察和训练课程，并且为开发商处理复杂财政方案（多方融资的财政方案）提供了一定程度上的协助。

光伏发电适用于高水准建筑设计么？

SPLA对建筑设计的要求很高。负责方通常将项目分为几个部分，每个部分交由一个知名建筑师，由他领导其团队完成。诸如Tania Concko，Massimilliano和MVRDV这样的知名建筑师都有参与到了项目当中。另一方面，光伏项目的推进还有来自里昂当地的阻力。在里昂辖区内有两处世界文化遗产保护区，而要想在这两处附近的建筑物上安装光伏发电装置，其难度与复杂程度都超出一般项目。了解了以上种种，就不难理解规划方在项目之初的担忧：他们不能确定，光伏发电装置是否适合在高水准建筑设计之中推广。

首先，光伏发电装置当然是适用于高水准建筑设计的。但是要想让光伏发电装置在建筑中让人使用得舒心，不管最终是否使它可见，设计师都必须在方案之初就把这些装置纳入考虑。否则，安装光伏装置就显得有些草率。其实，在建筑设计中安排光伏发电装置并非难事，难的是如何提供适宜的角度等技术条件使之正常运转。尽管在SPLA公司的建筑当中，光伏发电装置通常并不显眼，但有时，这些装置的确成为了某种标志，展现出一种蓬勃发展着的国际化的美学意义。

这是因为，设计师有时将光伏发电装置作为统一化的建筑外表皮，而在表皮之下，通常隐藏着一些建筑设备，这种情况通常出现在建筑屋面的处理上，诸如排风系统。而且，标准光伏发电装置通常比用户自己安装的光伏发电装置更省钱。因此，建筑师们和工程小组的成员们通常会在设计中选用标准光伏发电装置单体，并将其合理融入建筑设计当中。

现行的城市电网分配方案不能适应光伏发电系统的要求

在项目的设计阶段，一个现实的问题浮出水面——电网分销商（DNO）的常规方式不能将光伏发电系统融入新的城市规划。目前，电网分销商们可以依照需供电的建筑的种类以及它们相对变电站的距离来设计分配网。但是，这种设计方式并不能将光伏供电考虑进去。这是因为，电网分销商需要详尽的能源供应点的信息，然而光伏系统在设计阶段，这些信息往往不够翔实，从而给电网分销商们带来一定的风险，即因电网分销商们的预见性有限，所以需要加建额外的基础设施来连接光伏发电系统和新建的电网，而这将大幅提升电网连接点的建设费用。

规划方意识到这个问题之后，就组织了一次与电网分销商的技术性协商，以探索将建筑光伏发电与城市电网相融合的方式。商议得出的解决方案就是准确分配建筑供电的电网份额，避免在建筑完工、光伏发电系统投入使用之后仍需加建基础设施。而现在，中、低压变压器的选址与变压器馈线的大小设置是工作中的重心，这是为了保证每个光伏发电系统所连接的低压电网都能满足其需求。

德国，柏林，太阳能城市规划

西格丽德·林德纳

柏林市天际线
资料来源：© extranoise, Creative Commons

摘要

柏林墙倒下之后，柏林市中心便有了更大的发展空间。柏林市政当局草拟了一份关于城市太阳能发展的规划，以评估各城区的太阳能使用潜力。此规划已经投入实施，并将城区依各自情况划分为 20 类，每一类都依据其历史、城区结构与太阳能利用率进行了相关评估。其中，有些城区被确定为优先发展太阳能的区域。该规划由两方面内容组成，一是对城市复兴项目的介绍，二是光伏发电项目的推广，该项目旨在向房主们介绍光伏发电的可行性，并鼓励他们在房屋上安装光伏发电装置。然而，柏林市政当局方面只能向公众提供相关信息并予以适当支持，不能对光伏装置的安装提出硬性要求。同时，市政当局也不能代替房主和开发商进行方案设计。尽管如此，在对当地太阳遮挡情况与发电总量进行分析后，他们仍可为潜在投资者提供很多有用的信息。

简介

由于历史上曾被分为东西柏林两部分，柏林市的城市演进进程十分与众不同。该市最中心的地段因为靠近分界线的缘故，反而处在待发展状态。现在，这些待发展地段为柏林市的复兴提供了很大的空间。由于地处市中心，周边基础建设完备，这些地段中的很多地区已经呈现出复苏的态势，但仍有大量的地段亟待发展。柏林市适时推出的这一复兴计划为光伏建筑一体化的推广提供了绝佳机会。为了将光伏发电系统整合入城市布局中，柏林市方面已经对建筑群进行了评估，并确定了太阳能发展潜力大的建筑区。

项目进展

2004 年，在政府的要求下，可持续能源服务与创新公司（Ecofys）提出了柏林市区太阳能城市发展规划，以评估不同城市区段的太阳能发展潜力。在太阳能规划推进过程中，Ecofys 公司将城区依各自情况划分为 20 类，每一类都依据其历史、城区结构与太阳能利用率进行了相关评估。在评估太阳能利用潜力的过程中，该公司使用了一种太阳能评级工具，作用是将某区域建筑的太阳能利用潜力与该区域的建筑网络联系起来。这种工具的使用使评级结果简单明了。基于该工具，公司得出了城区的太阳能评级结果，并将部分区域确定为太阳能优先发展区域。

该评级结果现在包含了很多附加内容，诸如太阳能供热需求量和城区布局变动及城市复兴计划的影响。在考虑建筑技术应用可行性与城市现状的同时，规划方也十分注意历史建筑的保护。

在德国建筑与城市发展委员会提出的"西部城市复兴计划"中，委员会将城市的规划作为重中之重。该计划旨在为因城市布局调整而建造需求大大减少的地区制定应对策略。这些地区都不同程度地受到建筑重建、建筑

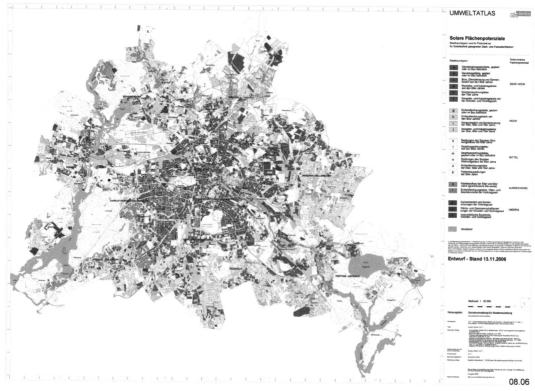

柏林市太阳能发展潜力示意图

资料来源：© Senatsverwaltung für Stadtentwicklung Berlin

废墟和城市布局不完善的影响。该计划旨在通过对城市现状的整改与基础设施的投资建设，吸引个人投资。

柏林市太阳能发展规划已将柏林市内不同城区进行分类，并对其太阳能发展潜力做出了评估。柏林市方面还召开了规划研讨会，明确了太阳能利用潜力大的区域，以便将城市复兴计划与太阳能利用目标相结合。

规划

2007 年 7 月，规划研讨会在柏林正式开展。该研讨会起到了交流平台的作用，为城市复兴计划组与太阳能规划小组提供了合作机会。其中，城市复兴规划组包含柏林市规划小组，及负责复兴计划的城市发展部门的代表。研讨会面临的最重要问题，就是如何将太阳能城市发展规划中的理论知识、方案提议和城市复兴计划中的行动，合理安排进可操作的项目当中。

柏林市方面希望，现行的城市复兴计划中的行动可以与太阳能这一主题挂钩，并在不同的城区落实太阳能相关规定。

为了将城市复兴计划活动与太阳能系统的推广利用结合起来，研讨会得出了一系列解决方案。规划方选择了位于内城的新克尔恩－苏德林（Neukölln–Südring）工业区作为战略支点，因为该区内 1950 ～ 1970 年间以及 19 世纪 80 年代所建的工业、贸易区十分卓越。

工业区中那些战后兴建的大型建筑都

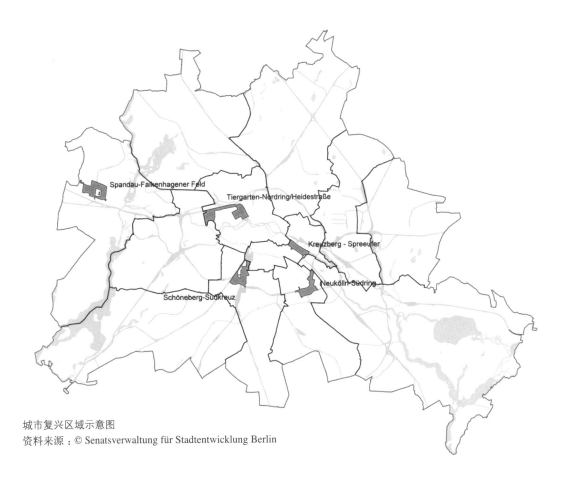

城市复兴区域示意图
资料来源：© Senatsverwaltung für Stadtentwicklung Berlin

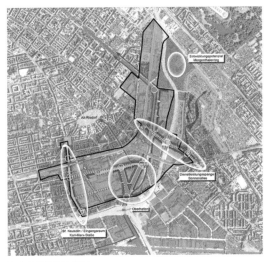

复兴区域城区规划
资料来源：© Senatsverwaltung für Stadtentwicklung Berlin

柏林市新克尔恩区俯瞰图
资料来源：© Secret Pilgrim, Creative Commons

具有较大的太阳能利用潜力。因为，这些工业建筑对供热和用水的需求很少。所以，这种城区很适合安装光伏发电系统。经粗略计算，该区域的全年太阳能发电功率将达33500MWp。

在新克尔恩－苏德林区的复兴计划中，有一项是要为工业区企业兴建一个交易平台。这个平台由市政规划人员和负责该项目的城市规划师搭建，旨在加强企业间交流合作，同时向投资商推荐该区巨大的发展潜力以吸引他们前来投资。

政府召开了研讨会后，通过开展屋顶太阳能发电运动，统一利用这个地方平台推广太阳能系统。

实施

在研讨会启动的城市复兴计划当中，屋顶太阳能发电运动作为这一系列项目中的首次尝试，旨在探索城市复兴与开发太阳能利用潜力的结合点。届时，研讨会将使用办公网络联系屋主，鼓励他们在自己房屋的屋顶和立面上安装光伏发电装置，并向他们提供资金方面协助或与之签订合约。

光伏推广运动可能包括：

● 相关信息的发布；
● 可利用屋顶的登记；
● 对这些屋顶在技术与资金两个层面进行评估。

城市规划小组将此次光伏发电推广运动定于 2008 年启动。

障碍与解决方案

在现有建筑上推广应用太阳能技术的最大阻力，在于私人企业不愿在此方面进行投资。要想充分挖掘建筑物的太阳能利用潜力，最关键是要调动私人投资的积极性。然而，

私人投资者的利益取向往往各不相同。要想调动整个城区的太阳能利用潜力，必须让人们有不间断的参与动力。然而，公众对于在城市空间内，尤其是当和城市复兴计划相结合时，利用光伏发电的可行性，并不十分了解。因此，很多本可安装光伏发电装置的地方就被忽略了。城市规划应当在早期阶段就将太阳能的利用考虑进去。另一方面的阻力来自市政当局的内部沟通协作问题。不同部门间的沟通障碍，以及项目责任的散置，均会导致项目迟迟无法启动。

建议

下面这个范例展示了在城市区域复兴的背景下如何发掘现有建筑的太阳能利用潜能。该方法可推广应用于具有相同城区布局与相同阻力的地区。对于住宅区，另一种解决方案是采用光伏系统股份制。这份全新的方案旨在让邻里共用一套光伏发电装置。太阳能推广运动可以发现很多具有太阳能利用潜力的屋面，从而将各个利益相关方紧密地联系在一起。

德国，科隆－瓦恩区，"太阳能地产"

西格丽德·林德纳

摘要

科隆市附近的乡村地段，一座全新的"太阳能村"正在酝酿当中。科隆－瓦恩区（Cologne-Wahn）曾经是围绕瓦恩城堡所建的独立区，而现在它已经是科隆市的一部分了。城堡附近一处的土地所有人打算建一座有 120 所左右寓所的"太阳能村"。

与科隆－瓦恩当地政策无关，这个项目属于北莱茵－威斯特法伦（North-Rhine-Westphalia）"太阳能村"补贴项目的一部分。

该项目在主动和被动式太阳能利用上均有十分详细的要求，例如每间寓所要保证1000W的光照发电功率，或者家庭热水用水的60%要来自于太阳能热水系统等等。

土地所有人也乐于投资建设"太阳能村"。他邀请了八位著名建筑师来处理城市规划中对太阳能利用的要求与房屋功能外形相适应的问题，以期切合"太阳能村"的主题。而最终的方案来自于某官方建筑竞赛。

竞赛方案图示
资料来源：© LINK Architekten + RMP Stephan Lenzen Landschafts-architekten

简介

该项目的目标是要在科隆郊区建一座"太阳能村"。它为从城市规划早期阶段就开始融入"太阳能村"的设计提供了绝好的实践机会。该项目要对楼间距、楼间遮挡以及主要立面与屋顶的方向角度等一系列与太阳能利用相关问题进行了合理安排。经过这些处理，该区域的结构将得到大幅优化。

"太阳能村"的地点靠近科隆市中心。该地位于火车站铁轨与瓦恩城堡之间。土地所有者打算在这里建一座有120间左右寓所的"太阳能村"。这样一来，地域特质将发生根本性改变。项目的最终目标是使各个家庭、单身人士与老年居民参与进村庄生活中来，而该"太阳能村"的建设与项目的最终目标是紧密相关的。

发展计划中的利益相关方

为了集思广益，土地所有者邀请了八位著名建筑师来进行设计，力图在有相应太阳能利用规定的城市规划之内，设计建造切合太阳能居住理念的建筑。本项目是北莱茵－威斯特法伦能源署举办特别资助活动的一部分，此活动旨在促进太阳能发展。

所有的工作由官方建筑竞赛开始。首先由咨询公司Ecofys对作品的太阳能资质进行评定，再交由城市规划师、建筑师和当地官员组成的评审委员会选出优胜方案。最终的优胜方案将由私人投资商投资建设。

城区规划的发展

虽然当地的发展规划早已确立，但太阳能仍有许多发展空间。该区域西面靠近铁轨，因此设计者需要考虑设置声障来减少噪声对区域内部的影响。为了达到设立声障的效果，建筑需要达到14m高，而这就会产生相互遮挡的问题。因此，南北向的建筑需保证一定的楼间距才能避免相邻建筑的遮挡问题。

为了满足建设"太阳能村"的全部需求，设计者对日晒、区域太阳能利用潜力和每种建筑的太阳能系统上都做了具体说明。现已有八份设计方案，且其中已针对房屋类型的选择做出了建议。同时，所有方案的可行性，都由一个包含多种城市与建筑单体评估方式的重要系统进行评估。

该区域的目标议题包括能源问题、房屋密度问题、可能的开支、设计与环境氛围处理问题以及项目启动的可能性问题等。所有提交的设计方案都已确定是可行的。但这些设计都是初稿，在真正项目开展过程中可能还要进一步调整。

由于规划中规定的多样性，其他的方面

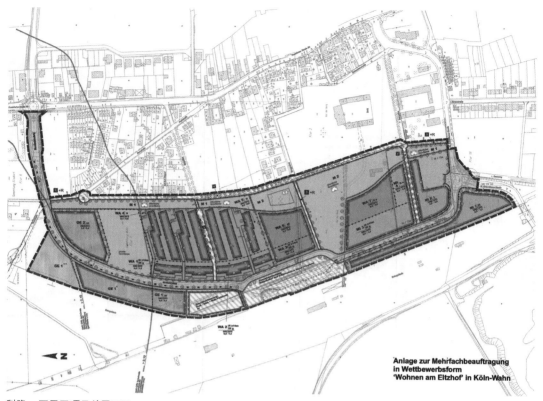

科隆 – 瓦恩区项目总平面图

资料来源：© Stadt Köln

和太阳能利用手段一样在评审团的决策上起着至关重要的作用。评审团认为，评分最高的方案造价高昂且并不切实际。在这份设计方案中，墙面开窗的比重过高，这将导致遮蔽固件的造价大幅提升。其他一些方案则由于过于张扬的外形设计或与整个地区主体的脱节而未能入选。

最终，评委会选出了优胜的方案，作为后续开展工作的基础。该方案在总体规划中预留了合理的建筑间距。同时，该方案还将不同种类的建筑都按照所需的朝向进行了合理的安排：南北向的房屋均为大门朝北、主立面朝南；在场地西侧边界上的连排建筑的入口设在建筑西侧且附有入口平台，而到了顶层朝向则转为东向。

建筑的屋顶均为向南或东倾斜 5° ～ 10° 且已为光伏装置的安装做了优化设计。而对于一些多户的寓所，每户安装 9m² 的光伏装置（1kWp）就已经是个不小的挑战了。当然，也有些可行的解决方案可供选择，比如说将光伏系统整合进立面或门廊的栏杆里面。而对于单户寓所，只需将光伏系统安装到南向屋顶即可。

项目实施

目前，在项目实施处在第一阶段，人们还在与可能的投资商进行谈判。

另外，土地所有者为整个地段拟订了一

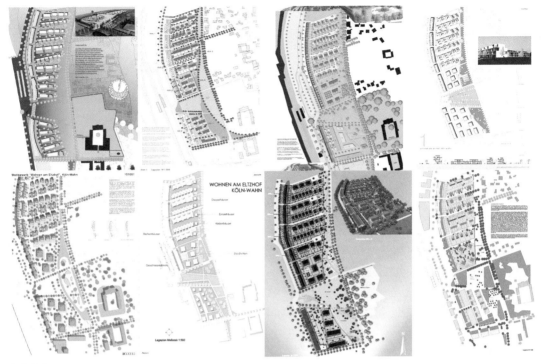

竞赛方案

资料来源：© LINK Pässler, Sundermann und Partner Architekten; Schmitz-Helbig Architektur; Hahn Helten + Assoziierte Architekten GmbH; Eller + Eller Architekten GmbH; Hellriegel Ar chitekten BDA; LINK Architekten + RMP Stephan Lenzen Landschaftsarchitekten; Archi tekturbüro Schönborn; Architekturbüro Kölsch

份供能方案，以确保项目达到最理想效果。在开展具体工作之前，土地所有者就对可行的解决方案进行评估并制订计划，这样就能为未来投资者的投资计划提供一个可靠的依据。建筑中还将会引入太阳能热水系统，这一点对于最初是为光伏所设计的建筑也不例外，因为该系统能改善建筑的整体节能表现。

障碍与解决方案

该项目推进的最大障碍在于如何说服投资者接受太阳能供能的理念并愿意为项目中的太阳能设备出资。针对项目中的经济效益问题，设计方将对光伏元件密度、价格及额外的太阳能目标进行精确计算。安装有光伏等太阳能装置的"绿色建筑"多少能为建筑在市场上吸引些眼球，但这就需要未来的业主愿意超额投资。

光伏的安装还有一个障碍，即在于在现行的德国《节能指示条例》（EnEV07）下，太阳能供电不参与能效评估。该条例只针对建筑热水，所以只有太阳能热水可以参与能效评估。因此，安装太阳能供热系统，不失为降低建筑基础能耗的好选择。

然而，在建筑中实现对太阳能利用仍不是开发商的主要关注点。在项目推进过程中，不同的利益相关方都有自己特定的优先考虑事项。但全面的太阳能一体化只有在项目中各方都熟悉太阳能城市规划或者愿意满足太

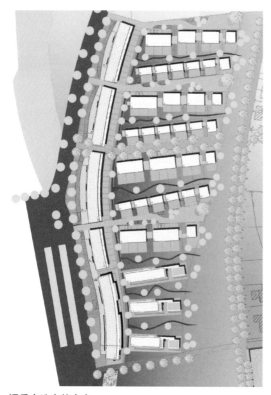

评委会选定的方案
资料来源：© Pässler, Sundermann und Partner Architekten

电脑模拟图
资料来源：© Pässler, Sundermann und Partner Architekten

阳能建筑需求的情况下，才可能真正实现。

如果前期的城区规划依照太阳能需求，那么随后的规划将更易推进。让参与城市规划的人们认识到自己在后续维护和调整供能开支上有很大影响力，对于设计者来说是十

分重要的。否则，人们将只关注一次性投资量，这将不利于系统的可持续运转。

建议

"太阳能村"的建设与现行的科隆－瓦恩区的地方规划相适应，且建筑的销售与财政风险都与新近建设的太阳能建筑有关。在本项目中，土地所有者承担了大部分风险，在初期就大量投资，按照最理想的方法建设"太阳能村"。业主将方案发展推向正轨的良好意愿是此类项目成功运转的先决条件。

德国，盖尔森基兴－俾斯麦，"太阳能社区"

西格丽德·林德纳

摘要

盖尔森基兴曾被誉为"千火之城"（煤矿），这座位于德国的前工业城市正在经历城市结构的转型。为了助力结构转型，规划者们提出了全新的可持续发展计划（所谓"千日之城"）。计划的一部分是城市管理者将提供与支持：

● 本市的规划议程网络（能源与环境）；
● 校园的微气候保护（信息及手段）；
● 城市的太阳能项目规划方案；
● 能源顾问服务；
● 为社区内的建筑安装太阳能系统；
● 定期举行太阳能圆桌会议；
● 一个项目专属官方网站。

计划将使城市在经济上与教育上双重获益。现在已规划的项目是在一处靠近水路的电站废址新建一个"太阳能街区"。建成之后，该区域将集居住、办公、贸易、商业与娱乐

Andreas Gries 的访谈记录

在我看来，建筑中的能源议题包括了供暖以及供电两方面。在这样的前提下，我认为我们应该利用所有潜在的可再生能源。而光伏产业的成本正不断降低，这无疑将提升其吸引力。就我个人而言，我期望到 2020 年的时候，可以建造出完全由可再生能源供暖及供电的房屋。希望那时我们能对现有问题提出可行的解决方案，例如，解决必要能源在建筑中的储存问题。

在北莱茵－威斯特法伦州"50 太阳能房产"项目的新建与改造中，我们已经实现了几乎全部的计划。从这些项目中，我们除了能源输入问题外，收获的最重要的经验就是其对提高太阳能科技的地位与可见性有着重要意义。还有如位于科隆伯克蒙德（Cologne Böcklemünd）的由当地住房公司开发的一处太阳能社区，也为该街区提升了生活品质。这些太阳能社区降低了房屋附加费用，从而改善了房屋所有者已有房屋的出租情况，也为他们免去了能源价格上涨的忧虑。

从这里我们看到，我们仍不能忽略经济方面的因素，仅将太阳能作为一个标签不能让人们心甘情愿地为其附加费用买单。对于这些新建筑中的居民来说，建立太阳能社区应该能降低房屋的附加费用，同时也需提高现有房屋群的出租率和对于能源价格上涨的免疫性。

如果考虑到能源价格上涨的速度，我认为除了高能效建筑，和对现有建筑进行综合性的可再生能源改造外，没有别的替代方法。目前在德国已经出台了可再生能源供暖的法案（renewable energy heat law），这已经向可再生能源的立法化迈出了第一步。

功能于一身，这就对能源利用效率以及太阳能系统广泛应用提出了很高的要求。预计街区全部建成后，将可以提供 2000 个工作岗位与 700 处住宿设施。城市更是首创性地在土地交易中加入了对于太阳能设施建设的要求。

简介

我们的"太阳能街区"项目位于盖尔森基兴一处靠近水路的发电站废址。建成之后，该区域将集居住、办公、贸易、商业与

娱乐功能于一身，这就对能源利用率、城市的太阳能规划和太阳能系统的广泛应用提出了很高的要求。预计全部建成后的街区将可以提供 2000 个工作岗位与 700 处住宿设施。由于国家发展协会（State Development Association，德语缩写为 LEG）是土地的实际拥有者，据此城市管理者更是首创性地在土地交易中加入了对于太阳能设施建设的要求。

1970 年区域实景
资料来源：© City of Gelsenkirchen

区域现状
资料来源：© City of Gelsenkirchen

可持续发展目标——"千日之城"

盖尔森基兴城市议会（The City Council of Gelsenkirchen）联合城市发展委员会（the Ministry of Urban Development）在 2001 年决定启动发展"太阳能城市"的计划，并将计划最终的目标概括为实现"太阳能之城——盖尔森基兴"，这一概念由伍珀塔尔（Wuppertal）大学与亚琛（Aachen）大学提出，并由荷兰研究组织 Ecofys 提供信息帮助。这项结合城市发展的研究，旨在讨论可持续

能源在未来的应用领域以及相关参数的基本检测标准。

城市管理者们基于城市正在进行的结构转型，制定了对应的市场策略，其中包含了优先进行可持续及太阳能发展的义务条款。而对于碳排放，设立了到 2050 年每人每年减少到 3.3 吨 CO_2 的总目标。来自工业、贸易、科学以及太阳能研究组织的合作者们正密切配合，为太阳能科技的研究、发展及应用出力。

不过，盖尔森基兴的城市管理者才是这个项目前进的最大驱动力。在这项长期的发展计划之中，他们将支持与提供：

- 本市的规划议程网络（能源与环境）；
- 校园的微气候保护（信息及手段）；
- 城市的太阳能项目规划方案；
- 能源顾问服务；
- 为社区内的建筑安装太阳能系统；
- 定期举行太阳能圆桌会议；
- 项目专属官方网站。

计划将使城市在经济上与教育上双丰收，包括：

- 城市将拥有更多新的太阳能发展研究机构；
- 城市将拥有太阳能电池与发电单元的生产设备；
- 太阳能系统能在城市的商业、工业和住宅建筑中得到广泛应用；
- 想深造的学者从此有了太阳能技术方向这一选择。

部分"太阳能街区"规划的生成过程

城市正在经历的结构转型，在这样的背景下，我们有理由创造一些新事物。我们选择了将一处曾经的工业园区改造成"太阳能街区"，这与建设"太阳能城市"的目标不谋而合。

城市管理者要求国家发展协会（LEG）来开发整片"太阳能街区"，同时要求其与Scheuvens+Wachten城市规划工作室所做的总体规划一致。另外，能源方案的概念由Gertec公司的工程师们和Ecofys公司合作准备。为使各方更好合作，市政部门特意出版了一份手册，其中对投资者也做了规定，他们对建设"太阳能建筑"，以及发展太阳能系统实际应用中所需的技术要承担相关的义务。以上所有决策的制定均有盖尔森基兴市议会的参与，他们还将亲自负责确保达成设立的主要目标。

在这之后，各方举行了一次复审研讨会并邀请了市议会中的相关人员参与其中，而国家发展协会和项目工程办公室则负责收集从项目早期的发展阶段直至城市规划的实施阶段的详尽信息。研讨会着重讨论了城市太阳能规划的发展潜力和可能遇到的障碍。组织者还特别设计了一套问卷交到与会者的手中，整理过调查结果后，我们将对项目不同部分和阶段的成果有一个整体认识。

太阳能技术要求

通过建造低能耗的建筑和供应高效可再生能源，可以实现每年每单位建筑面积减少12.5kg的CO_2排放量的长远环保目标。规划中主要的目标是增加"太阳能街区"的建筑中适合主动和被动使用太阳能的表面积的比例。全方位的"太阳能建筑"因此成为可能：建筑将拥有为光伏和太阳能供热系统做过最佳优化的表面；建筑朝向的选择更自由。政府在初步评估了街区的太阳能发展潜力后，在投资者手册中对使用的光伏设备做了规定。同时政府还对街区不同区域的太阳能潜力做了精确的计算。为了简化投资者手册的规定，

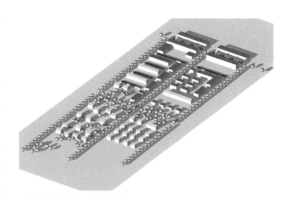

建筑阴影遮挡可视化模拟
资料来源：© City of Gelsenkirchen

将住宅建筑的光伏规模限定在了1～2kWp。非住宅建筑的太阳能光伏电池则必须安装在对公众可见的表面上。因为1～2kWp规模的光伏电池能确保光伏系统经济合理。同时，即使对私人投资者来说，1～2kWp的光伏系统所需的投资金额也是合理的。而是否安装太阳能热系统则完全取决于投资者的意愿。因为现阶段还没有就安装太阳能热系统做硬性规定。

在投资指南的准备阶段还有另一项与太阳能有关的主要任务，那就是研究出一套能模拟建筑遮挡情况和太阳在建筑表面的辐射情况的城市规划模型。在该区域最初的规划草案出台后，相关专业人员考虑到建筑密度及场地布局的影响，对方案进行了评估并提出了调整建议，并特别注意到了建筑高度及间距问题，以便每栋建筑都有理想的光照条件。

最终的规划方案是以场地内的建筑布局为主要考虑因素。以这种方式确定的建筑朝向及间距可以确保实现前期做出的太阳能发电承诺。除此之外，人们还就热保护及供热问题制定了相关规定，以使建筑达到某基础能源指标。

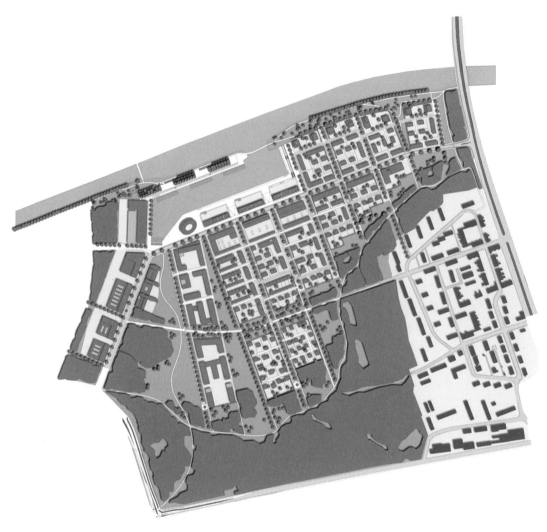

城市规划平面图
资料来源：© City of Gelsenkirchen

海滨区草图
资料来源：© City of Gelsenkirchen

　　这项研究的开展，也促使了柏林市城市结构的调整，以满足城市太阳能规划的要求。不过，仍有部分优化建议未被采纳，因为这些调整方案都与整个地区的整体结构相冲突。综合来看，区域内建筑在南向的高度都有所增加，这在保证高建筑密度的同时也使建筑的太阳能可利用度达到最佳。

项目实施

在德国，用法律条件规定地方的太阳能规划在理论上是可能的，但迄今尚无成功的案例。不过在这个项目中，土地购买合同依据私法对"太阳能街区"的建设提出了要求，起到了相类似的作用。因为土地归国家发展协会（LEG）所有，所以对安装私有供暖系统的禁令（太阳能光热系统除外）和对房屋需与当地暖网连接的要求，可以由政府通过房地产的地役权实现。在买卖合同中对光伏发电系统和低能耗建筑也做了相关规定：非住宅房屋中的光伏发电系统无特定的尺寸限制，但必须将其安装在公众可见的建筑表面上，以保证街区从外观上看是可持续发展的。如果再配合上太阳能系统在公共空间的应用，就将成为当地企业最好的营销手段。

为避免建筑物表面主要的遮光问题，并实现"太阳能街区"的构想，还特别成立了一个咨询委员会（包括城市规划专家，能源顾问等）。他们要依据具体情况，对制定的太阳能规定作出调整使其符合各投资者的规划，还要使所有的建筑单体规划服从整体规划。单体建筑的投资者需保证他们的设计团队中有一名单独的能源问题顾问，以确保其计划细节处的质量。

目前，项目的发展还处在与潜在投资者进行初步谈判的阶段。基于基本能源的要素，当地热网的设计也在有条不紊地进行中。

对问题、障碍、解决方案与建议的总结

我们考虑到的主要障碍是未来的投资者对太阳能概念的接受程度。根据德国现行的《节能指导办法中》(EnEV 07)的计算方法，安装光伏系统并不能改进建筑的总体能源性能，这就使情况变得更糟了。由于这套指导方法主要关注的是建筑的热性能，所以只有

太阳热能这一项能被纳入能源性能的评估中。因此新建的低能效房屋经常是没有安装光伏系统的。

在此背景下，一些太阳能建设规定一直保持着灵活性，为的是给局部的建筑规划留出一些操作的空间。例如，对于大型非住宅建筑，安装的光伏系统只需可见，并不限定其规模。城市规划的灵活性也意味着普遍存在的关于主动和被动太阳能的建设义务。

我们希望投资者可以意识到可持续发展蕴藏的潜力和公众对相应的生活条件日益增长的需求，并且与我们共同努力，以"太阳能建筑"去实现建设"太阳能街区"的最终目标。在盖尔森基兴市可持续发展任务的框架内，这项杰出的项目将作为一个试点项目为人们所知，并将展现出未来城市发展的无限可能。

建议

目前在德国，有几个城市都推行了私法条件下的义务，诸如加在土地买卖合同中的要求，当然这需要市政府是土地的所有者。这样一来，根据所制定的目标就可以多样化地完成光伏系统的建设指标。在德国，对于光伏装置能带来经济效益这一点，人们还是普遍能接受的。但在投资者看来，太阳能可能仅仅意味着更高的规划复杂性和投资成本，此时，人们对维护成本较低的可持续建筑日益增长的需求也许能成为激励他们接受与投资太阳能概念的理由。

葡萄牙，里斯本，帕德里克鲁兹社区

马里亚·若昂·罗德里格斯和若阿纳·费尔南德斯

摘要

里斯本的帕德里克鲁兹（Padre Cruz）社区是葡萄牙最大的低收入人群居住区。里

帕德里克鲁兹地区实际的城市结构情况

资料来源：© Relatório Social do Bairro do Padre Cruz

斯本的市政当局正着手协调改造工作，希望能彻底消除该地区当前的负面形象。葡萄牙光伏协会为此发起了一项名为"第2届里斯本城市概念挑战赛"的国际设计竞赛，旨在收集将这个低收入居住区改造为"太阳能社区"的概念。组织方要求参赛者为城市改造和一些区域的重建提供有指导意义的概念，这其中包括了一栋商业建筑、一个幼儿园、还有一个社会安置公寓区。

简介

帕德里克鲁兹社区位于里斯本东北，隶属于卡奈德（Carnide）教区。它是葡萄牙最大的低收入人群居住区，也是伊比利亚半岛（Iberian Peninsula）最大的之一。这个社区发源于20世纪50年代，当时的葡萄牙正在进行第一阶段的建设工作以便尽快应对大量安置需求。新建的社区本质上只是暂时性的，因为这种简单的施工方法和粗糙的材料很少被用在本国的住宅建筑中。这些福利住宅本来的预期寿命很短，然而，事情却没有按照人们的预想发展，社区在城市化初级阶段完成后仍在扩张，并且又有了后续三个阶段的进一步发展。

现在，帕德里克鲁兹社区的改造计划由里斯本市政当局（the Lisbon Municipality）亲自负责整合，该计划遵循一项依场地现状制定的优先行动方案。该计划中考虑到了以下需求：

● 彻底改变安置区的负面形象并使城市组织重获生气；

● 在保证该社区与城市整体的一致性与建筑质量的前提下，重新安排房屋的位置并且贯彻年轻化的路线；

● 力求在社区创造内生性的生活空间。

计划中还涉及到了将街区内的废旧庭院改造成休闲空间，以及引入商业空间和相关设备。再考虑到社区的流动性和可到达性，计划对交通便利性和步行的流动性也进行了详尽的规划。计划中涵盖的面积达11.2万 m^2。在这片区域内，将建成总面积5万 m^2 的1619户住宅，分布在18个地块之上。还有大约10%的面积计划作商业用途。

里斯本城市概念挑战赛

"里斯本城市概念挑战赛"是一项国际设计竞赛，由来自里斯本理工大学高等技术学院IN+创新、技术与政策研究中心的光伏技术专家们发起，旨在发起与促进光伏改造工作在城市中的展开。第1届的"里斯本城市概念挑战赛"要求参赛者将城市构筑物与光伏系统融合。而后赛事组织者决定要举办第2届比赛，焦点仍放在里斯本，这一次他们要求概念要能促进葡萄牙最知名的低收入人群居住区之一的光伏技术整合。此举的动机是想帮助宣传光伏技术，甚至有可能就此创造里斯本第一个"太阳能社区"。

"第2届里斯本城市概念挑战赛"将改进整合合理与设计优秀的城市改造与修复概念

的呈现方式，并计划将这个里斯本的低收入人群社区转变为太阳能社区。

该太阳能社区将用作科技展示、传播前瞻性思想与教育三个目的。目标股东既有当地的社区，也有公共机构和能源服务公司等。

葡萄牙是欧洲已安装光伏设施容量最低的国家之一，这主要是由于政府鼓励的缺失和复杂的行政管理程序，所以现在最重要的事情是引起里斯本市政当局的重视。为此，第一步需要做的是让国家能源署（ADENE）与里斯本市能源与环境署参与其中，前者从一开始便是项目的支持者，而后者则与里斯本市政当局直接挂钩。

在多个组织的协助下，终于从只有城市事务公司所做的规划，发展到了里斯本市政当局决定支持这一首创性的项目的阶段。他们与 IN+ 密切合作，邀请了国际上一批优秀的建筑师、设计师和工程师为城市的综合改造与修复项目出谋划策，希望将帕德里克鲁兹社区变成一个 1MWp 的太阳能社区。

参赛者被要求提供指导城市改造的概念，以及一座商业建筑、一座幼儿园和一个社会福利住宅区的修复方案。参赛者需注意以下三项：

1．整合。在设计概念中充分运用光伏材料，符合美学和物理节能的双要求。光伏技术整合的等级需在设计说明中如实标明，同样需要说明的还有对光伏材料功能附加价值的鉴定。

2．新的应用装置与技术概念。参赛者应尝试以创新性的方式利用光伏材料，并充分考虑传统与新技术概念。

3．交流。整合合理的光伏材料应为公众所见，这样一来与公众的交流也更容易。

关于商业建筑

这座建筑是一处平面呈矩形且在中部带有开放空间的购物中心。矩形平面带来的好处是：使建筑的东、南、西立面与屋顶平面均有可能整合加入光伏材料。许多为建筑立面和屋顶所做的方案已经呈现在了公众眼前，这些方案都综合了光伏材料的特点和自然光及建筑遮挡的因素，可谓万事俱备。

名为"Shopping Delight"的方案在众

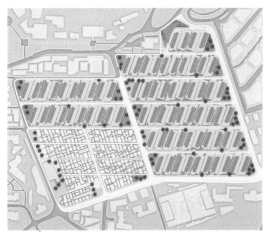

帕德里克鲁兹社区改造总平面图，第 2 届"里斯本城市挑战赛"用地范围

资料来源：© Relatório Social do Bairro do Padre Cruz

比赛的举行，将引来许多为将这个低收入居住区变成一个 1MWp 的太阳能社区所做的改造与重建概念，而"第 2 届里斯本城市概念挑战赛"的目标是要改进概念的呈现方式。

参赛者需为以下几处的改造和重建提供指导性的概念：

● 一座商业建筑；
● 一座幼儿园；
● 一处社会安置公寓区。

里斯本市政当局充分参与到了项目当中，如果项目有合适的持股人加入，他们希望能将获奖概念付诸实现。

多为商业类建筑所做的方案中脱颖而出，获得了一等奖。该方案的概念参考了利用正交网格做规划的思想，这点和里斯本市中心的规划很像，那的街区变为众多商店和街道流通空间的结合体。获奖方案中，将正立面全部改为透明的玻璃，在允许自然光进入的同时也使购物的人们能看到室外的景色。而建筑的屋顶将完全由光伏材料组成；这种将自然光和建筑物遮挡效应结合的方法并非创新，但此处的运用渐渐形成了一个展馆式的购物中心。而建筑的北立面将被悬空的植被所覆盖，整个规划使得光伏整合策略很好地和其他表现可持续性议题的方法相结合。

公共空间：幼儿园

这座幼儿园有着整个街区最重要的公共室外空间。市政当局打算把这处空间变成休闲区域，并且特别关注了在这里将城市艺术小品和提高社区内光伏技术认知度结合的可能性。在这个公共区域内，现有的方案中囊括了多种，从结合了光伏面板和遮阴面板的平坦大道，到凉亭、路灯，以及若干整合了

文中商业建筑的改造方案
资料来源：© Chotima Ag-Ukrikul, Karin Pereira, Sofia Chinita for the 2nd Lisbon Ideas Challenge

光伏材料的创新型操场。

在最终获胜方案中，公共空间中被置入了许多"光伏花"（计成巨大的花朵形的光伏系统）；这种做法能用最少的材料收集最多的太阳能。同时，因为这种"光伏花"是一种可以移动的结构，它就能适应太阳位置的变化，依存于太阳能并与之建立起互动的关系。归功于其独特的造型，除了发电以外，"光伏花"还有阳伞的功能。光伏面板独特的绿色有可能通过半透明的薄膜技术实现，这种面板既能提供能源又能起到遮阳作用。由于这种花的结构是彼此独立的，设计者就不得不考虑可能的破坏行为，以及如何将这些单体连接到电网的问题。即使如此，设计中在没有太阳和天气不好的情况下，这些"花"将会闭合。最终，在专家评估过整个幼儿园区域之后，将会有 78m² 的面积安装光伏系统。

为幼儿园所做的方案
资料来源：© Wolfgang Krakau Architekt for the 2nd Lisbon Ideas Challenge

社会安置房

规划中的安置公寓楼群将是可持续房屋量产后的结果，光伏技术作为更长远计划的一部分也将被包含其中。在整片规划地区中朝向最好的建筑是向南的一些大楼。大楼正对着社区最主要的街道之一，而背后就是上文提到的幼儿园。建成的大楼将会有 6 层楼高，每栋可以提供 10 套或 28 套公寓。作为竞赛中朝向最好的建筑，这座安置大楼呈现出了在建筑立面整合光伏技术的可能性，即用阳台和遮阳设备覆盖整个立面或屋顶，并采用半透明的光伏原件以保证自然采光。

在为安置房所做的方案中，最终获胜的用到了一种"光伏瓦"。这个方案的主要思想就是创造一种既能被应用到现有建筑和改造工作中，又能被用在新建设项目中的设备。这种"都市瓦片"是一种光电原件，它的灵感来自于一种加入了三维组件的葡萄牙瓷砖。

由于这些"瓦"设计的朝向是日照最好的南向，并且在太阳能的输入和电力输出平衡方面做了优化，所以它们的设计尺寸仅为 0.2m²，相当于把标准的光伏面板拆解成了更小尺寸的平面，这样在建筑中的使用将更灵活多样。这处竞标中的安置房建筑将装入 26500 块"瓦片"，也就是在建筑南立面将有整整 540m² 的面积覆盖着这种"城市瓦片"。这个方案很好地响应了比赛的主旨。它的目标是定义新的居住概念和翻新建筑，考虑到目标建筑周围已有的环境，现在看到的这个设计还是相当具有创新性和可行性的。即便如此，严格来讲还是有很多事情需要处理的，诸如线网可能将会非常复杂，这将带来电力的损失和高昂的安装费用。另外，在考虑增加产电量的同时，也要分析建筑总的维护费用，以及建筑表皮的隔离和对破坏行为的约束举措。如果我们反观设计的最初概念，而不仅仅是将注意力放在这些"光伏瓦"上的话，那么现有的成果还是相当令人欣喜的，纵使建筑屋顶的瓦片密度很大且可能导致瓦片之间相互遮挡，但光伏技术还是被很好地整合到了建筑中。

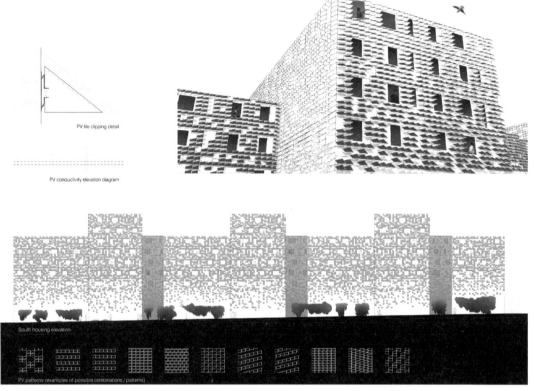

为住宅大楼所做的方案

资料来源：© Chotima Ag-Ukrikul, Karin Pereira, Sofi a Chinita for the 2nd Lisbon Ideas Challenge

对问题、障碍、解决方案与建议的总结

怎样使当地政府愿意考虑建设太阳能社区？

在欧洲，葡萄牙是光伏装机容量最少的国家之一，其主要原因是政府对光伏缺乏鼓励，且有关行政流程复杂。正因为如此，当地的人们一般都不将太阳能视为建筑物或城市的供能选择。他们也几乎不可能得到里斯本市政当局的支持，来邀请国际团队在葡萄牙设计一个"太阳能社区"。

为了引起里斯本市政部的关注并能与之合作，葡萄牙光伏专家借助于国际能源署（International Energy Agency）的光伏发电系统计划（Photovoltaic Power Systems Programme）的技术支持，以举办"第2届里斯本城市概念挑战赛"为名，发起了在里斯本设计一个装机容量为1MWp的太阳能社区的国际设计竞赛。这一创举非常成功，以至于里斯本市政部宣称，如果利益相关者能够参与该项目，他们愿意采纳并有效地实施竞赛获胜方案。

如何在缺乏政府鼓励的情况下为1MWp "太阳能社区"的建设融资？

上述项目的总成本尚待估定，商业模式

仍未成形。尽管如此，项目的某些方面，即光伏系统的所有权和维护责任以及相应的法律框架均已公开。

关于项目的资金问题，一种可能的解决方式是社区中光伏板一体化安装所产生的额外花费由市政当局、公用事业单位以及当地能源署共同支付。这一明确的行动将为其他地区的政府树立榜样，并促进新能源市场的快速形成。作为项目所有者，市政部也将可以从葡萄牙立法机构发布的馈网电价政策中受益，并且有可能因此成为"绿色电力"市场最早的投资者之一。

另一种可能就是建筑公司出资购买并持有这一项目。其后由他们负责光伏系统的运行和维护。此外，能源服务公司概念也许能提供一种不错的解决方法。

这一项目的发展不仅能够帮助光伏产业进入独立的能源生产市场，同时还有助于加强政府的可持续性和创新性形象。

英国，巴罗，巴罗港口开发区

唐娜·芒罗

摘要

巴罗位于英国西北部，为坎布里亚地区（Cumbria）的一个海滨城市，曾经是重要的造船业中心。然而，多年来，英国造船业的衰退已使巴罗繁荣不再。目前，该市正在进行重大的再开发项目，包括计划开发一片临近码头的大片滨海区，其内容涵盖游艇码头、住宅区、水上运动休闲区、湿地野生动物区、商业公园和邮轮码头。未充分利用甚至部分被废弃的码头将转变为现代化的可持续型住宅区，巴罗的城市面貌有可能因此焕然一新。当地负责该项目的组织借助于合乐集团（Halcrow）提供的可再生能源信息，拟订了

一份发展概要。其中包括使该地区的建筑达到可持续建筑的标准，并利用可再生能源满足不少于10%的预期能源需求。这将是该地区首次重要的可持续性建筑开发项目。此前，这一地区的优先发展领域一直集中在经济复兴方面，环境保护并未被提上议程。

简介

巴罗是坎布里亚西南部中心城市，其流动人口超过13万。它是举世闻名的海洋工程和造船业中心，大型公司如BAE系统公司（BAE Systems）的总部就设在那里。19世纪50年代，人们在该地区发现了富铁矿，这个城市开始形成，并逐渐成为采矿业和重工业中心。到20世纪时，巴罗成为了主要的造船业中心。然而，多年来，英国造船业的持续衰退已使巴罗繁荣不再，工作岗位大幅度减少，经济十分困难。现在的巴罗需要阻止城市的衰退，并使经济可持续发展。

巴罗正在进行重大的再开发项目，包括临近码头的大片滨海区的开发。新型多功能开发区包括游艇码头、住宅区、水上运动休闲区、湿地野生动物区、商业公园和邮轮码头。该项目被看作是振兴整个码头地区经济的驱动力。其首要目标是通过建设23公顷的创新

临近码头的维多利亚式房子，今日的衰落区
资料来源：© Donna Munro

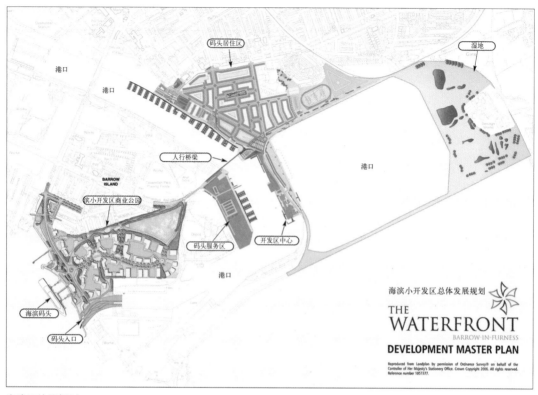

海滨区统筹规划

资料来源：© West Lakes Renaissance

公园（Innovation Park）来创造更多的就业机会。

开发项目中的可再生能源

初期场地规划中没有关于生态区的特殊规定。最终公布的方案包含了一个生态区的建设，及对整个地区的可持续设计和可再生能源利用提出的要求。开发商需要满足这些要求才能签订合约。在发给开发商的会前准备资料中介绍了可再生能源的预期作用，以及达到上述要求的方法。人们正以发展商业经济为基本原则寻找合适的开发商。

完善后的可再生能源规范建立在两项机制上。这两项机制都能够有效地促进英国可再生能源的发展：

1．首先是《建筑环境规范》：针对住宅的《可持续住宅规范》（Code for Sustainable Homes）和英国建筑研究所环境评估法（Building Research Establishment's Environmental Assessment Method, BREEAM）。这些体系通过打分对建筑进行评级。

2．另一机制是产生于伦敦莫顿区（Merton）的"莫顿法则"（Merton rule），该规则可由地方委员会制定。它要求任何超过一定规模的新项目需在其项目区域内，通过就地利用可再生能源，满足一定比例的预期能源需求。这个比例通常为10%，尽管一些地区设定了更高的比例。

巴罗滨海区的建设要求如下：

1. 所有超过 30 户的新开发住宅项目至少要达到可持续住宅规范第三等级的标准。

2. 滨海村庄（Marina Village）临近码头的区域至少要达到可持续住宅规范第四等极的标准。

3. 所有用地面积超过 1000m² 的新商业项目必须接受英国建筑研究所环境评估法的评估，并达到"很好"或其以上等级。

4. 通过创新的设计和高效的调整使新项目的能耗降到最低，并要求在以下切实可行的地区运用可再生能源技术：

● 所有拥有十个及十个以上单元的住宅开发区所生产的可再生能源，应至少满足预期能源需求的 10%。

● 所有面积达到或超过 1000m² 的非住宅开发区所生产的可再生能源，应至少满足预期能源需求的 10%。

● 小型社区和就地利用可再生能源项目（on-site renewable energy projects）将受到鼓励。

使用可再生能源不仅仅是一项明确的要求（至少满足预期能源需求的 10%），它还有助于建筑达到《可持续住宅规范》所规定的标准。

与 2006 年在《建筑规范》的 L 章中制定的 CO_2 目标排放率（TER）相比，可持续住宅规范要求下的第三等级建筑要至少降低

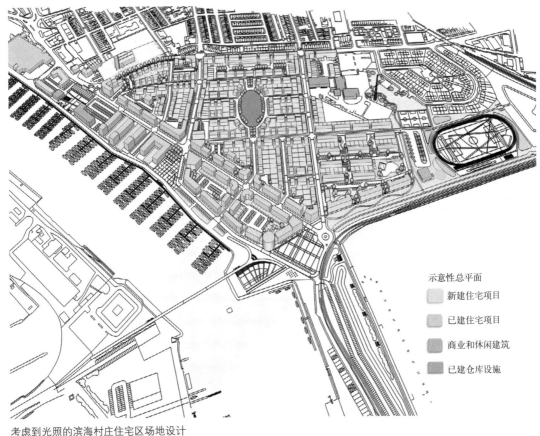

考虑到光照的滨海村庄住宅区场地设计
资料来源：© West Lakes Renaissance

示意性总平面
■ 新建住宅项目
■ 已建住宅项目
■ 商业和休闲建筑
■ 已建仓库设施

图中前景为卡文迪什（Cavendish）船坞，卡文迪什船坞新居住区为图中右上角的一片椭圆形绿化区域
资料来源：© West Lakes Renaissance

运行中的滨海商业公园，远处是近海的风力农场
资料来源：© Donna Munro

25%的碳排量，第四等级至少降低45%。通过提高能源利用效率或使用可再生能源抑或是同时采取这两种措施可以实现该目标。其中，利用可再生能源能够在可持续住宅规范的评分体系下争取到更多分数。

滨海村庄住宅区

滨海村庄住宅区分为四个居住区域：其中，坞边（Dockside）是需要至少达到第四等级的绿化区域；其他的区域则必须达到第三等级。可再生能源发电量应至少达到所有房屋预期能量需求的10%。这一发电量可

以平均分配到每户住宅上，也可以由少数较大的系统集中完成。这些系统并不一定依附在住宅上，而可以是其他的，比如它们可能属于某个建筑中一流的可再生能源设计部分。

适用于该地区的可再生能源供能方案主要如下：

- 太阳能热水；
- 太阳能光伏；
- 风能；
- 生物质能供热；
- 热汽泵；
- 用热电联合或热气泵进行的区域供热。

人们通过计算来估计所需的可再生能源总量。考虑到规范中运算方法的复杂性，在住宅的最终方案确定之前，只能得出大体的预计值。比如说，一个面积为$4m^2$，带有光伏泵（PV-powered pump）的太阳能热水器可以使住宅达到规范的第三等级。在此基础上安装0.45～1kWp的光伏可以使住宅上升到第四等级。

一个$3.5m^2$的太阳能热水系统，或一个1.25kWp的光伏系统能够满足10%的能量需求（在标准住房中，大约为每年1000kWh）。注重提高能源效率能够帮助建筑达到第三等级。此外，被动式太阳能设计（不是太阳能热水器便是太阳能热水泵）也有同样的作用。

在至少需要达到第四等级的绿化地区，人们建议：

- 所有的住宅都需有较好的光照条件以及被动式太阳能设备。
- 所有的家庭都应该能使用太阳能热水。
- 为部分住宅提供1～2kWp的光伏系统。
- 公寓区光伏可以为公共区域和个人公寓供

电。然而，低于 0.5kWp 的小型光伏系统，一个只能为一套公寓供电，应该避免使用。因为对于整个区域而言，数量较多的小型系统会增加安装及维修费用。

- 所有的公寓区应该考虑使用公共热水系统及公共采暖系统。这些系统可以使用煤气、太阳能或生物质能。

除此之外，人们提出了以下建议：

- 在住宅设计中考虑房屋未来的发展，以便于今后在其上安装可再生能源系统。"如果住宅目前没有安装可再生能源系统，那么住宅的设计与建造应使其在建筑使用年限内，能较为容易地安装可再生能源系统。例如，屋顶结构应预备光伏和太阳能热水器的可识别安装点，以及为加大太阳能热水箱预留空间。屋顶朝向应保证在东南和西南之间以减少阴影。除此之外，在用电区和拟建发电区（小范围的风能和太阳能）之间，还需预留电缆管道系统的位置。"[节能信托基金会（Energy Saving Trust），2006]。
- 应该采取不同的方法，以应对不同的业主和建筑规模。例如，业主时常变换的商业租用建筑，可能不适合使用私人可再生能源系统。这是由于，在私人可再生能源系统中，需要在使用者之间不间断地传递如何最佳使用系统的信息。而使用者的频繁更换使得这一信息的传递变得比较困难。
- 光伏系统在白天发电，但不能储存多余的电力，不像太阳能热水器那样能将能量储存起来。常住家中的居民直接受益于光伏系统，如退休老人或有小孩的家庭就能从光伏系统中获益良多。

人们的关注点多为建筑。然而，滨海村庄也需要人行道和自行车道、广场及公共艺术品，并且它们可以成为标志物，体现能源创新的成果。目前，已经出现了"太阳能雕塑"、"太阳能钟楼"和"太阳能喷泉"，而"太阳能街灯"和"太阳能交通信号灯"也在市场上得到了高度普及。如果利用太阳能为非建筑构筑物供电，就可以大大降低供电成本。此外，在远离电网连接点的人行道和自行车道，利用太阳能增加照明，可以经济有效地提升城市安全性。

对问题、障碍、解决方案与建议的总结

新开发可以带来真正的可持续化吗？

人们在巴罗举办了一场研讨会，会上有人对可持续发展的真实水准提出了质疑。人们担心开发商只是应对规范要求，仅使住宅达到可持续化的最低标准。讨论中特别提到了住宅中的可更换装置，例如低能耗电器或节水水龙头。人们担心这些装置在评估完成后会被开发商更换，或随着时间的推移被住户更换。

关于是否在建筑的结构和形式中大比例地加入被动式太阳能装置及保温措施存在着很大争议。随着时间的过去，住宅的扩张和改造可能会阻挡其他房屋太阳入射，规划法则也能对其有所限制。

虽然完全防止节能设施不被移除很难实现，但我们也许可以通过使住房购买者了解低能耗的好处，促成他们对可持续开发区的认同感与自豪感来解决问题。住房的第一买家和后续买家都应被告知作为建筑节能评级的相关设备。节能设备一旦被替换，原始的评价等级将不再适用。

按规范要求安装的光伏会面临一定困难，因为系统的正常运行可能难以维持。英国的财政立法部门对此也不够重视。解决这个问题可能要依赖于馈网电价政策提供的资金回报，以鼓励业主维持系统正常运行。能源服

务公司也许能确保可再生能源系统长期有效运行。

可再生能源对于巴罗来说有多重要?

该项目的首要目标是创造更多的就业岗位，提供高品质的居住空间，促进商业繁荣。虽然人们已经开始重视可持续发展问题，但并未充分发挥可再生能源的潜力。

负责该项目的团队需要考虑的问题较多，如码头一侧的鸟类活动，对岸核安全设施等问题。尽管他们已经做了一些关于可再生能源的工作，然而其持续时间不长，效果有限，并未引发整个团队的关注。如果团队中的其他成员能够关注到可再生能源，他们将更好地支持可持续发展。

场地布局和太阳能可利用度

建筑布局的设计中考虑的因素包括南部的码头、西南向盛行的强风、沿海岸线建造高层建筑形成防风罩作用、保护临海的餐厅和商店等，但同时这些高层建筑会对其后的建筑造成遮挡。人们努力减少遮挡带来的影响，但太阳能可利用度（solar accessibility）不是设计中最优先考虑的问题。人们可以借助计算机模拟手段分析遮挡问题。

责任传递中的缺失 (breaks in the chain)

在英国，通常由开发商负责新城区的设计与开发。尽管当地政府和再开发机构确立了指导方针，设定了限制条件，但项目领导权仍掌握在开发商手中。责任传递中的缺失使得当地政府和再开发机构很难在确定开发商之前制订关于可再生能源的详细计划，并且也会使开发商没有充足的时间来考虑可再生能源问题。同时，人们也因责任传递中的缺失而不能够及时地考虑场地规划的

多种可能性和不同朝向的采光度问题。英国政府已经认识到这一问题，并针对"生态城镇"(eco-towns) 的开发提出了更有团队协作性的策略。人们希望政府的这一举动能帮助开发商实现真正的可持续发展。

了解《可持续住宅规范》

《可持续住宅规范》中的评分标准和节能计算十分复杂，需要使用详细的电脑模型进行计算。设计者很难知道如何使可持续住宅达到第三等级或第四等级的标准并且在早期场地规划阶段，人们很难判断不同设计方案和不同可再生能源孰优孰劣。因为有关达标设计的基准数据、经验规范都比较缺乏，相关数据经验的积累会有益于建筑达到《可持续住宅规范》的要求。同时，接收信息和建议也有望帮助开发商提出一个真正可持续的开发区。

信息传递

对于可再生能源的成功实施，信息传递是一个重要因素。而目前看来，可持续住宅规范发布时间短，相关经验有限，许多开发商和建设者都不了解可再生能源和光伏技术。

开发商和建设者可能使用的解决办法如下：

- 与坎布里亚现有组织合作，以使其服务能够有效地达到预期目标；
- 召集专家团队，听取他们的建议；
- 增加政府和再开发机构自身的可持续发展专业知识。

参考文献

Energy Saving Trust (2006) Energy Saving Trust Best Practice Standard for Sustainable Housing, *Demonstrating Compliance – Best Practice* www.est.org.uk/housingbuildings/standards

第4章 规范框架及项目融资

国家规划进程

唐娜·芒罗

简介

　　光伏板的安装是在复杂的规范体系下进行的，这一体系由法规、资金运转、规划政策共同组成。在不同的国家，甚至在不同的省市，光伏规范体系都不相同。一般来说，这些规范体系的制定是为了更好地使用包括光伏在内的可再生能源（RE），并减少碳排放。然而，当国家、区级和市级的政府都参与到规范制定中来，并且体系中的各个部分由不同的部门负责时，这一体系将丧失整体性。在这种情况下，尽管光伏规范体系的出发点是有利于可再生能源发展的，但体系中的一些政策规范可能反而不利于可再生能源发展，并对推广光伏造成负面影响。

　　规范体系中影响光伏的主要部分如下：

● 建筑规范；
●"绿色建筑"规范（codes for 'green building'）；
● 对于光伏的资金补贴（capital subsidies）；
● 改进后的馈网电价政策；

● 可再生能源系统的规划政策。

建筑规范

　　所有国家都有建筑规范。一般就光伏的结构安全和绝缘防护等方面而言，这些规范不对光伏系统的安装造成任何影响。但是，我们仍然可以借助它们来促进可再生能源系统的发展。现在，西班牙政府就要求大型建筑（包括商业建筑、剧场、政府机关、医院、诊所、宾馆和旅舍）必须安装光伏系统以及太阳能热水系统。德国的建筑规范倾向于鼓励太阳能集热系统的安装。

"绿色建筑"规范

　　很多国家都制定了"绿色建筑"规范，与强制性的建筑规范不同，人们可选择是否执行这一规范。"绿色建筑"规范支持光伏系统的安装，因此，它可以成为促进建筑中光伏系统发展的重要因素。比如说，英国的《可持续建筑规范》（Code for Sustainable Building）支持光伏系统和其他的可再生能源系统的发展。现在，资金发放机构支持重建项目和社会住房建设的同时，常常要求建筑达到可持续建筑最低评分（minimum sustainable buildings rating）要求。这一情况将有利于英国可再生能源市场的发展。

对于光伏的资金补贴

对光伏系统的资金补贴已经不再像以前那么普遍了。在某些国家，它们已经被馈网电价政策所取代。

虽然如此，在瑞典人们还是能够通过竞争性的申请机制争取到资金补贴。而英国人则可以通过本国的低碳建筑项目（Low Carbon Buildings Programme）得到补助。在奥地利、德国、法国和荷兰，人们能够依据当地区的相关制度来获得资金补助。比如在法国，个人所得税信用机制（income tax credit system）也能帮助争取资金。

改进后的馈网电价政策

在西班牙、德国和法国，改进后的馈网电价政策可以为所有光伏项目提供保障。《德国国家可再生能源法案》（The German National Renewable Energy Act）能够为并网太阳能发电项目提供 20 年稳定的补贴支持。凭借补贴政策（其所提供的补贴资金额度大约为 0.46 欧元 /kWh，具体数额取决于补贴政策的种类），可以很容易地使光伏项目在其生命周期内收回投资成本。另外，奥地利仅提供有限制性的补贴政策，只有最先提交申请的少数项目能够得到补贴。

可再生能源系统的规划政策

促进可再生能源发展的规划政策有待细化。这与国家可再生能源规划政策也许有联系：

● 奥地利还没有出台在城市规划过程中对使用可再生能源系统的指导方针；同时，在国家法规中，有关新建筑物中可再生能源发电率的规范和预期目标还没有确定。然而，该国的地方法规却可能要求提升新建筑物和翻新建筑物的能源效率，以及更多地使用可再生能源。

● 在德国，地方政府根据国家性法律框架来确定使用太阳能的城市区域。是否依靠法律来完成大城市的太阳能规划，完全由地方政府决定。马堡市（Marburg）将率先制定针对太阳能集热系统的法律义务条款。目前，这一举动引发了法律层面的争论。

● 法国还没有出台详细的国家级城市规划政策来鼓励使用可再生能源。在国家政策缺失的情况下，一些地方政府却早已确立了当地的相关条款。例如，大里昂区政府就起草了地方法规。该法规以自愿为原则，提倡合理使用能源，及在新建建筑中使用可再生能源。

● 在荷兰，城市规划项目往往由地方政府主揽。地方议会确定结构规划（structural plans），为如何将国家级、省级的政策转变为具体计划提供详细建议。这一举动将会从能源绩效及可持续化方面提升城市设计质量。

● 在西班牙，土地使用方案和能源计划由自治社区（Autonomous Communities）（ACs）政府负责。每个自治区议会结合本地区的具体条件进行城市规划。西班牙城市规划主要参照《通用城市布局规划》（The General Urban Distribution Plan）。任何经地方议会通过并完善的提议，都必须经过自治社区政府的批准才能生效。地方性法规的确定取决于自治社区政府。例如，马德里自治社区制定了 2004 ~ 2012 年的阶段性计划。该计划旨在将可再生能源使用额提升一倍，并减少 10% 的碳排量。这一计划有关光伏的部分提到了在家庭和服务业中有关光伏的宣传以及地方法规对它的支持作用。截至 2005 年 9 月，超过 30 条西班牙地方法规关注了太阳能技术。然而，其中的大部分却只涉及了太阳能集热领域。目前，加泰罗尼亚地区在太阳能技术发展方面最为积极，而马德里和瓦伦西亚 (Valencia) 紧随其后。

- 英国的《国家规划政策声明》(National Planning Policy Statement) 制定了详细条款，鼓励根据每个地区的具体情况使用可再生能源。作为对这一声明的回应，地方政府起草了地方发展框架 (Local Development Frameworks)。现在他们需要在发展框架中加入可再生能源法规。以下是一个很典型的规定：所有的新建大型项目（包含 10 所及其以上住宅，或面积超过 2000m² 的项目）必须就地利用可再生能源来满足其全部能源需求的 10% ~ 40%。目前，这一发展框架已经成为英国可再生能源发展的主要驱动力。

光伏项目可行的融资方案

西林丽德 · 林纳德

除了自筹经费的方法以外，地方政府还有很多融资方案来发展光伏项目。

自筹经费

政府为企业建立厂房，并成为工厂的所有者和管理者。工厂的收入直接归政府所有。同时，政府对工厂进行投资和管理。由于投资份额较大，政府需要利用广告来进行融资。然而，由于广告融资过程比较复杂，需要设立专门的规划小组（planning office）来负责广告项目，这无疑会增加企业成本。

为光伏系统租用屋顶区域

外部机构在租用的屋顶上运行光伏系统，虽然他们支付了租金，但依然可以享受经济光伏发电带来的经济效益。不过，建筑最终

租用学校建筑发展光伏的范例，普朗市政部（Municipality of Prum）
资料来源：© Ecostream

公众参与光伏系统建设案例，位于德国科隆的欧洲学校（Europeschool）
资料来源：© Ecostream

表皮效果则由建筑本身及其使用者所决定。除此以外，建筑使用者还将会得到屋顶的租金。然而，在双方达成合约之前，需要明确诸多管理程序以及法律上的问题：

- 关于设备管理者的操作权：作为第三方，管理者有权操作市政建筑上的光伏设备。这一操作权至少在 20 年之内有效。
- 关于租金：投资者能够得到全部收入而市政部只得到租金。租金在北莱茵－威斯特法伦（North－Rhine－Westphalia）大约为 1 欧元 /㎡。
- 关于市政当局的参与：设计、建造以及管理工作都是由第三方负责的，所以说，市政部几乎没有参与到光伏项目中。
- 关于设备担保的责任问题：若因前期考虑不周导致光伏系统产电量偏小，管理者和市政部之间可能因责任问题发生纠纷。比如说，在屋顶需要维修时，由谁来负责呢？

市政出租模式

市政出租模式将"自力执行"和"出租"两种模式相结合，以扬长避短。市政部签订了为光伏装置融资的合同，并且同意出租屋顶，但是光伏装置仍然为市政部所有。光伏项目的设计、施工及融资全部由签约方负责。在合同有效期内，租借人仅仅是装置的使用者。项目的全部产业都掌握在市政部手中。当地出租的主要特点有：

- 为了稳定光伏系统工作状态，合同的有效期长达 18 年。
- 市政部不会进行投资，也就不产生住户的债务问题。
- 纯收益明显的高于租金。
- 现金流转可以很好地进行。在合同有效期内，收入会一直高于成本。

- 在合同结束后，市政部和住户成为设备的所有者，住户和市政部一起使用设备。在第19年和第20年，主要的经济利益都由市政部获得。
- 市政部是设备使用者和建筑所有者，所以，不存在设备和建筑的使用权及产权的交接问题。
- 在合同有效期内，另有一份维修合同来保障系统的正常运行。

SoarlLokal 的广告，告诉人们可以出租屋顶来安装光伏系统
资料来源：© SolarLokal

公众参与

融资的有效方法之一，就是让公众参与。在北莱茵－威斯特法伦 (North-Rhine-Westphalia) 的学校，人们开展了四个针对 10 万瓦太阳能项目的案例研究。老师、学生、家长和有兴趣的市民都为光伏装置和节能项目投资。每个学校的投资额在 50 万～120 万欧元之间。这些投资者主要通过德国的馈网电价政策得到投资回报。

这些 10 万瓦的太阳能项目将会有利于光伏市场发展。同时，项目展现了学生、老师和家长积极促进可再生能源发展的一面，从而会潜移默化地鼓励公民进一步支持使用可再生能源。

太阳能屋顶项目

德国的一些项目旨在增加公共建筑中太阳能光伏系统的使用数量。在德国，SolarLokal 公司等，可提供公共建筑及私人建筑的屋顶信息。这些屋顶可以出租给公司或私人合伙企业来安装光伏系统。

参考文献

European Photovoltaic Industry Association and Greenpeace (2008) *Overview of European Support Schemes,* December, Brussels

International Energy Agency Photovoltaic Power Systems Programme (2008) *Trends in Photovoltaic Applications. Survey report of selected IEA countries between 1992 and 2007,* Report IEA-PVPS T1-17:2008, St Ursen, Switzerland

North Carolina Solar Center (2009) *Database of State Incentives for Renewable Energy (DSIRE),* www.dsireusa.org, accessed 29 January 2009

第 5 章　设计指南

本章首先将介绍光伏的基本知识，接着会讨论光伏在建筑中的应用及其对建筑美学的作用。章节中还谈到了光伏系统在公共空间中的运用、光伏系统与电力分配网络的知识，并针对光伏项目设计的不同阶段提出了重要建议。

光伏基础知识

维姆 · 辛克

简介

这一节主要介绍光伏发电的基本原理、光伏系统及其设计限制条件，使读者了解光伏系统在建筑环境下的适用范围。

光伏系统是将太阳能直接转化为电能的装置，其基本组成部件是太阳能电池板，而太阳能电池板由很多太阳能电池块集成。

1839 年，Edmond Becquerel 发表的论文 (Becquerel，1839)，提出发现了光伏效应 (the photovoltaic effect) ("光" 指太阳光，"伏" 指电能)。直到 20 世纪 50 年代初，人们充分掌握了半导体硅的应用工程技术之后，光伏发电才投入实际应用。现在，硅仍是绝大多数太阳能电池的制作材料。美国的贝尔实验室 (Bell Laboratories) 在光伏的发展过程中起到了至关重要的作用 (Perlin，1999)。很多人马上就注意到了大规模应用光伏的巨大潜力，但在 20 世纪 80 年代之前，光伏系统的规模一直都比较有限。人们在 1958 年就成功地运用光伏技术为卫星供电，而且从那时起，使用光伏系统为卫星供电就已成为惯例。

日照特点

在地球上的不同地区，太阳辐射情况 (日照或太阳辐射) 是不同的。水平面的年太阳能接收量大约在 $700kWh/m^2$ 到 $2800kWh/m^2$ 之间。极地的太阳能接收量在所有地区中最小，而干旱的沙漠地区最高。

当我们不再将地球表面看成水平面而是理想的倾斜面时，太阳能年接收量的最低值会增加到 $900kWh/m^2$，各个地区的太阳辐射量变化范围就会相对缩小。就太阳能发电潜力 (在最佳的倾斜表面上，以平方米为单位计算) 而言，沙漠地带发电潜力大约为极地区的 3 倍。需要注意的是，所有地区的太阳辐射极限值大约都为 $1kW/m^2$。随着纬度的

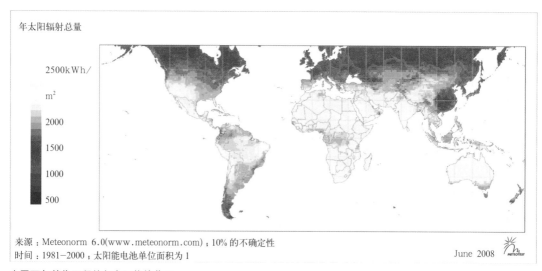

年太阳辐射总量

2500kWh/ m²
2000
1500
1000
500

来源：Meteonorm 6.0(www.meteonorm.com)；10% 的不确定性
时间：1981-2000；太阳能电池单位面积为 1

June 2008

水平面每单位面积的年太阳能接收量
资料来源：© Meteotest, Meteonorm 6.0, www.meteonorm.com

增高，太阳能发电潜力会因气候条件的变化及低光照时长的增加（太阳高度角减少所致）而下降。此外在一些地区，太阳辐射量季节性的大幅度变化也会影响光伏系统的设计及使用。在并网光伏系统中，电网可以作为虚拟储存空间来保证用户的用电，而在独立式光伏系统中，要适应几小时、几天，甚至是几个月的低太阳辐射情况，就不得不在光伏系统内安装储能系统。

基本发电原理

光伏效应建立在两个步骤上：

1. 材料（通常使用半导体作为合适的光伏材料）吸收太阳光（由光子组成），从而使带负电的电子活跃。电子受激发而移动后，留下带正电的"失踪电子"，"失踪电子"被视为空穴，也可以在材料内部移动。

2. 电子和空穴在选择性界面层（PN 结）分离，使界面两侧分别积累正电荷和负电荷，从而在界面处产生电压。

在大多数太阳能电池里，选择性界面是由两种半导体材料层叠加而成的：不同形式的同种半导体（所谓的"p"和"n"型）或两种不同的半导体。此外，在半导体的两侧添加不同类型的杂质（掺杂剂）也可以形成 PN 结。选择性界面的主要特点是其中存在内电场，在电场作用下，电子和空穴分别朝界面相反的方向运动。当界面的两端相连时就形成了电路，产生了电流（电子从界面的一面流向另一面）。这个过程中出现的电压和电流就代表着产生了电能。总的来说，材料受光照射后会持续产生与积累电子和空穴，并产生电能。

电池和元件技术

太阳能电池和元件技术是根据电池的活性材料（即半导体）来分类的。从太阳能产业起步时开始，采用晶体硅制作太阳能电池就一直是主流。在此技术条件下，光伏元件通过用晶体硅切片制作的电池经电路连接和整体封装形成。

薄膜技术是最近开发的新技术，随着其

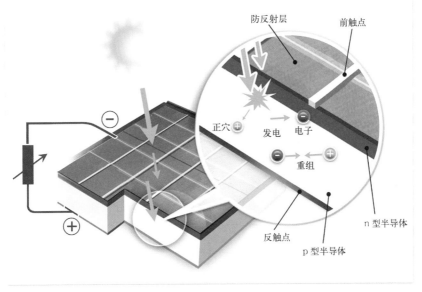

典型太阳能电池的界面图解。图中显示将光（光子）能转化为电能的基本步骤。材料吸收阳光后，产生电子 – 空穴对，并进一步将电子（带负电）和空穴（带正电）分离
资料来源：© Hespul

不断成熟，薄膜电池的市场占有率逐渐上升。在这里，太阳能电池以薄片（大约为一微米厚）的形式放置在基片（玻璃或金属箔）上或用玻璃板覆盖。单个电池通常呈细长的形状，在垂直方向上连成一串形成光伏元件。

光伏系统和系统术语

光伏系统通常分为并网光伏系统和独立光伏系统。光伏系统给小型电网供电或者连接到小型电网都是有可能的。

这里我们主要考虑并网光伏系统，因为就今后近中期的一段时间看来，它在城市环境中大规模应用具有较好前景。

尽管并网光伏系统正常情况下不包括储能系统（电网相当于虚拟储能设备），但带有小型储能系统的并网光伏系统就可能获得市场的青睐。带储能系统的光伏系统只要在其蓄电量充足时就可以为电网供电，摆脱了天

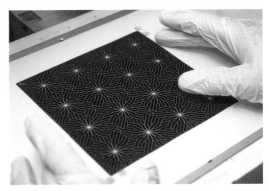

太阳能电池，由位于 Sunweb 的 Solland Solar 生产。Solland Solar 与荷兰能源研究中心合作
资料来源：Solland Solar

气影响。不过增加储能系统会带来附加成本及能源损耗，人们不得不仔细权衡其利弊。

完整的光伏系统包括光伏元件(modules)（也被称为光伏板），而光伏元件由太阳能电池和所谓的平衡系统(balance-of-system,

BoS)组成。光伏元件能够发电，是系统中最小的实体构件。然而，光伏元件产生相对低压（小于100V）的直流电，因此它们常常被串联在一起。几个平行的串联光伏元件能够形成光伏阵列（array）（需要注意的是，也可

薄膜太阳能电池
资料来源：© Hespul

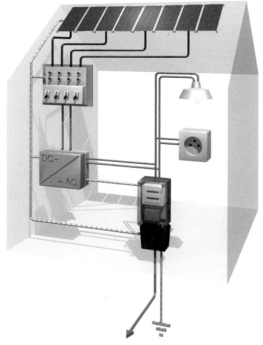

联网系统图示。剩余产电量被储存在用作虚拟存储系统的网络中
资料来源：© M.ART

能出现其他组合形式，详见下图）。光伏阵列产生的直流电通过逆变器转化为交流电输送到电网，其电压和频率与电网相匹配。除逆变器外，光伏系统中还有其他电器设备（例如安全设备）。此外，系统中还包括连接电线和某种形式的支撑结构。独立式光伏系统通常还带有储能系统（水泵系统等除外）。为了增加产电量，这些系统也可能包含集光光学系统和太阳能追踪器，以使高成本的太阳能电池高效运转，提高发电量。需要指出的是，多数光伏建筑一体化系统不包括集光系统和太阳能追踪器。另外，平衡系统的成本还包括场地费和安装成套系统（turnkey installation）而产生的人工费。

光伏阵列或子阵列（sub-array）由光伏元件串并联而成，并产出与电网匹配的电压和电流。由单个电池串联形成的电池组产出的电流与单个电池相同，但电压将是所有电池产出的电压之和。阵列则由许多相同的电池组并联而成。光伏阵列产出的电流是所有电池组产出的电流之和。

需要注意的是，单个阵列中每个电池组的电池数不是任意的，而应该成组成列，并且光伏阵列输出的总电压和电流要符合逆变器（inverter）的设计要求。

朝向与倾斜角

光伏阵列的安装位置（包括朝向与倾角）会对光伏发电量产生很大影响。一般来说，在北半球其最佳朝向为南，南半球相反，同时光伏阵列的最佳倾角（光伏阵列表面与水平面的夹角）与当地纬度有关。仅考虑太阳直射时，光伏阵列的最佳倾角应与各个地区的纬度相同。然而，在很多地区，光伏阵列接收到的绝大部分辐射来自于漫射辐射而非直射辐射，因此光伏阵列的最佳倾斜角应稍微调小，以使光伏元件能够接收到更大范围

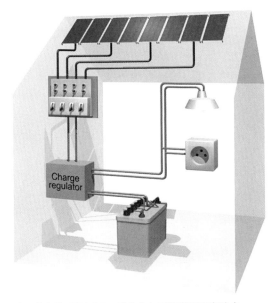

独立式光伏系统图示。剩余产电量被储存在电池中
资料来源：©M.ART

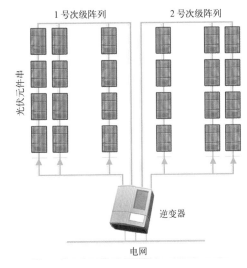

光伏阵列 (array) 或 子 阵 列 (sub-array) 由 光 伏 元 件 (module) 串并联而成，并产出符合需求的电流和电压
资料来源：© Hespul

的漫射辐射。

在冬天，光伏阵列的倾斜角越大（越接近竖直方向），发电量也就越大；而在夏天，较小的倾斜角更有利于发电。例如，在北欧的冬季，太阳高度角低，立面光伏系统比屋顶水平光伏系统发电量更大，夏季则相反。

在确定光伏最佳朝向时，还要考虑当地的气候和地形条件。例如，如果当地经常出现晨雾，光伏最佳朝向应略偏西，场地的东边有山或高层建筑时也应采取这样的方式。

光伏系统的实际性能

阴影的影响

光伏受阴影遮挡的程度是决定光伏系统实际发电量的一个重要因素。临近的树木建筑、其他"外部"物体，以及光伏建筑本身，都可能对光伏元件产生阴影。阴影会随着时间的变化而变化。一般要尽量避免阴影，因

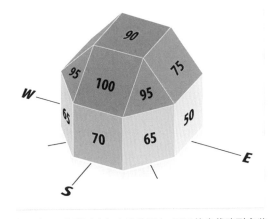

在北纬 50 度附近（如中欧地区），不同的光伏阵列安装方向及角度所带来的产电量与最佳产电量之比
资料来源：© www.demosite.ch

为它导致光伏接收到的太阳能减少，使电量损失高于预期，特别是光伏部分受遮挡时。

在设计阶段考虑阴影遮挡，优化电力系统设计，尽量减小遮蔽的影响是至关重要的。我们可以事先模拟计算出阴影造成的损失。

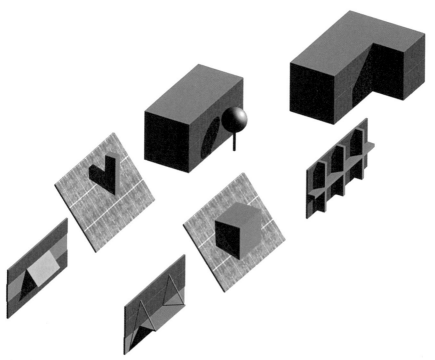

建筑本身的遮蔽作用会使年发电量大大减少。所以设计建筑的时候，必须要考虑到这一点。
细心安排光伏元件的位置并精心设计电力系统（接线方案），可以有效地减小阴影影响
资料来源：© M.ART

同时，也应该考虑树木障碍物的高度、宽度、常绿型和落叶型等特点。还需要根据树木的生长特征考虑其后期影响因素。有时候，将一些可能影响光伏获得阳光的树木移植或者移栽会比较合理。

在建筑的体形设计中，应当避免自遮挡的情况。在烟囱、建筑高耸结构、建筑突出部分、天窗、卫星接收器和其他通信设备、悬挂或者移动的建筑元素这些细部设计中，都应该考虑到太阳在一天中及一年中的运行轨迹。太阳轨迹图和模拟软件分析可以帮助确定潜在的阴影。在不能避免阴影的地方，可以通过光伏电路设计来尽量减弱遮挡的负面影响。

从美学方面考虑，我们可以适当地在阴影区添加假的光伏元件。这些假构件的视觉效果同真的一样，但它们只起装饰作用，同时价格相对较低。

温度影响

在阳光照射下，光伏元件的温度会比周围环境温度高很多。在晴天，其温差甚至高达 50℃。光伏元件的效率会随着温度的升高而降低，温度每升高 1℃，晶体硅电池的转化率就会下降 0.4%。采用薄膜技术的光伏元件受温差影响相对晶体硅光伏较小。其转化率的"温度系数"随制造材料的不同而不同。

光伏元件背部的高温可能会对屋面材料造成影响，引发相关的问题。例如，屋面材料软化甚至融化，或因膨胀系数不同产生应力导致光伏层压板开裂甚至损坏。

光伏元件的实际温度取决于其散热效果（注意光电转化率不到 20%，所以被吸收的大部分光能都转化成了热能）。如果光伏元件背部不能散热，则只能通过外表面散热，这样就导致其运行温度更高。相反，在其背部设置空气间层能够使温度降低（至少）10℃。

一般来说，我们强烈建议在光伏元件与屋面或立面之间留出空气间层，通过自然的空气对流散热。这个空气间层同时有着隔热功能，从而进一步降低屋顶温度。典型的屋顶覆盖材料有沥青、金属（锌、铜和铝）、茅草、玻璃和木瓦。由于光伏元件和屋顶之间存在连接问题，不可能将光伏放置在茅草屋顶上。对于沥青屋顶来说，如果没有在光伏和屋顶之间留出空气间层，就会产生高温问题。由于温度升高会导致沥青软化，直接安装在屋顶上的光伏元件将会渐渐"陷入"屋顶。这种情况将不利于更换光伏层压板。所以，尤其对于沥青屋顶，在屋顶和构件之间预留空气间层很重要。对于其他大部分屋顶材料而言，光伏的温度不会对材料构成威胁。这是因为这些材料的熔点远远高于表面温度（约70℃）。

在光伏模块和屋顶之间常常会设置变形缝。因此，模块的热膨胀往往不会造成问题。

城市规划和场地设计对光伏的影响

场地设计会对光伏系统的运行产生重大影响。在场地设计阶段，如果建筑朝向设计不佳，光伏系统的年发电量就会低于理想值。设计建筑间距时，如果没有考虑到相邻建筑间的遮挡，年发电量也会受到影响。比如在北半球，如果在场地南侧布置高层建筑，北侧布置低层建筑，年发电量就会降低。

在场地设计中，还应考虑附近的建造活动。高层建筑和大树即使没有遮挡太阳直射光，也会遮挡大量的漫射光。

对于同一块场地，能设计出几种不同的场地布局设计方案。其中某个方案可能更利于光伏发电。人们可以结合太阳能利用进行合理的城市规划，这得益于"太阳能友好型"的设计，规划中对于光伏系统的朝向与倾角制定不必过于严格，因为在许多国家太阳辐射中漫射光辐射的比例较大。

逆变器的类型和安装位置

逆变器主要有两种：一种是适用于整个阵列或子阵列的大逆变器；另一种是基于光伏元件串的小逆变器。这意味着规模越大的系统，需要的逆变器越多。由于标准化的小逆变器可以组成任何规模的系统，便于批量生产，因此会相对节约成本。

在选择逆变器时，需要考虑包括成本在内的许多因素。此外，还要考虑转换效率、电路损失和维修难度等。所有连接到同一逆变器的光伏模块在理想状态下，应该接收同等太阳辐射。因此，它们的安装方向和受遮挡情况应当相同，如果不同，则应该使用基于模块的组串逆变器。

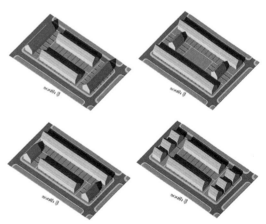

指定场地中，几种不同的街区设计。需要兼顾光伏系统应用效果和设计师的自由度，来决定最终方案

资料来源：© M.ART

并网系统中的逆变器
资料来源：© H. F. Kaan

线路布置也是考虑要素之一。在安装逆变器时，应尽量使其靠近光伏阵列。光伏阵列与逆变器通直流电，保险丝无法起保护作用，需要安装双重绝缘电缆以保证线路安全。但电路电压低，电流大，使得电缆过粗，不易弯曲，因此不可能使用长线路。串式逆变器体积很小，可以将他们靠近光伏模块安装，比如可以设置在房檐下而不是在设备间里。大逆变器一般设置在带有通风设备的专用房间，位置处于建筑中心。

维修难度考虑因素之一。在任何光伏系统中，逆变器都是维修最频繁的部分。在中心位置安装逆变器可能比在周围安装更利于维修。合理选择逆变器的安装位置有利于其长期运转，减少维修成本。

此外，在安装逆变器的地方，还应能够转移逆变器运行时产生的余热（最多时可达到发电量的 10%），因为过热会降低转化率（有时可能需要降低功率，甚至关闭逆变器，来减少热量损耗）。安装逆变器的小设备间有必要采取强制通风。需要注意的是有些逆变器可能会产生噪声，所以要避免在生活空间安装此类逆变器。

室外逆变器需要符合安全和防水等方面的相关规范。现在，国际上已有针对逆变器制定的电气保护等级实用规范。

可持续性问题

长期以来一直有人误认为制造与安装光伏系统所消耗的（化石）能源，要多于光伏系统在其工作周期内所产生的可再生能源。虽然在第一代光伏系统中可能存在这种"投入大于产出"的情况，但现在绝非如此。目前，在天气相对晴朗的地区，光伏系统的能源偿还期（不要与经济投资回收期相混淆）（年太阳辐射量约为 $1700 kWh/m^2$）一般为 $1.5 \sim 2$ 年，在太阳辐射量中等的地区（年太阳辐射量约为 $1000 kWh/m^2$）一般为 $2.5 \sim 3.5$ 年（Alsema and de WildSchoten, 2007）。通过相关数值的比较，可以看出：相对于能源偿还期超过 25 年的其他系统，光伏系统的确是生产可再生能源的首选。此外，光伏系统的能源偿还期还在逐渐缩短，可能很快就会少于一年。

除了考虑制造和安装光伏系统所需的能量外，还需要考虑光伏系统所用材料的可持续性。大规模的光伏系统应建立在"产量丰富的"材料的基础上。对于产量不足的材料，可以缩短它们的循环使用周期，但这种方法不能一劳永逸。

光伏与建筑美学

亨克·卡恩，切克·雷恩加

简介

本节谈论了光伏对建筑设计的影响，利益相关者的相关看法及自身利益。为光伏建筑提供了一套评价体系，并有助于使关于建筑完整性的讨论不再仅仅停留在"美或丑"

这一层面。其目的在于通过提供光伏系统的相关知识，帮助建筑师、规划师、房地产开发商和地方政府推动光伏在城市中的应用，并消除对城市中大规模应用光伏的偏见。[1]

光伏和建筑环境

在西方国家，大约40%的能源消费来自于建筑环境，其中电能所占的比例还在持续增长。因此利用可再生能源发电显得越来越重要，而光伏恰恰可以发挥巨大作用。

与风能、生物能还有水力发电相比，光伏对于建筑环境的适用性强。在发达国家，光伏经常与建筑围护结构一体化集合。这避免了为使用光伏元件而单独建造基座，同时节省空间，还能确保发电机靠近用户。如果要推广高品质的可再生能源，至少就建筑环境而言，光伏显然是优先选择。

光伏，建筑师和客户

我们能够见到的光伏建筑一体化系统仍然有发展的潜力。虽然不少优秀案例展示了光伏在建筑里是作为一个不影响美观或者有视觉吸引力的元素，但是许多光伏建筑一体化系统展现出的建筑或城市元素很少。一些建筑师和城市设计者没有考虑用光伏来展示建筑美，这也导致他们没有找到将光伏集成到建筑和城市里的好方法。客户和地方政府经验不足，缺乏对光伏的了解，建筑师通常为说服他们考虑光伏而大费口舌。当谈论到费用、收益最大化以及技术需要这些内容时，建筑师往往很难说服他们将建筑美学元素和光伏系统能够实现的可能性联系起来。

德国路德维希港（Ludwigshafen）的经过重新布置的公寓建筑，它的屋顶安装有光伏系统
资料来源：© H. F. Kaan

接下来，将简单讨论一下房地产开发商和学院投资者、个人和政府以及城市设计者的作用和角色。

房地产开发商和学院投资者

房地产开发商和学院投资者往往将建筑视为一种产生固定投资回报的开发工具。他们建造房子供给租赁市场或者个体购房户。他们往往觉得一个建筑应当尽可能既美观又实用。为了说服这些客户考虑光伏，建筑师可能需要在设计中展现得更均衡，同时考虑美学和成本。这是有可能实现的，因为光伏可以替代建筑的表皮，例如光伏应用于办公建筑。光伏同样具有传统的建筑表皮材料所具有的多数建筑物理性质，因而它们与传统建筑表皮的设计相同。非居住建筑表皮材料的价格往往不菲，光伏也可以作为一种更经济实惠的建筑表皮材料。

---

1 本节内容是根据《建筑环境中的光伏》（'Photovoltaics in an architectural context'）一文改编，该文由同一作者撰写并由 John Wiley & Sons Ltd in 发表于：《光伏技术的进步：研究与应用》（Progress in Photovoltaics: Research and Application）（2004），vol 12, pp395-408。

日本东京的筑波开放空间实验室，它采用光伏材料取代常见的玻璃立面。建筑师为日本东京的 Jiro Ohno
资料来源：© H. F. Kaan

奥地利林茨的"外加能量"建筑，光伏系统为建筑的外观增加了不少特色。建筑师为奥地利的 Erwin Kaltenegger
资料来源：© H. F. Kaan

私人客户

私人客户与房地产开发商及学院投资者不同的是他们经常对建筑外形有特别的想法。就非居住建筑来说，这些通常反映客户的工作类型和态度。光伏可识别性强这一特色能吸引这些私人客户。如果应用得好，光伏将为建筑添彩。尽管 Bequerel 早在 1839 年就发现了光伏效应，但光伏仍然给人以高科技的印象，所以适合那些非传统的建筑。

光伏突出了这栋建筑以及用户的想法。光伏建筑的使用者和建造者通过光伏传递他们减少化石能源依赖的愿景。

不管单个建筑还是不同建筑之间的整体效果，一个地区的建筑是否符合建筑美学标准主要取决于建筑的品质。因此许多国家的地方政府对新建或翻新建筑设置了建筑美观视觉标准。因为持反对意见的城市设计者对光伏建筑一体化的美学可能性认识不足，他们不太接受在城市设计中使用光伏。另一方面，那些致力于推动光伏在城市中大规模应用的城市设计者可能会遇到来自投资者同样的反对和居住者对于陌生科技的不安情绪。

当考虑到在城市环境下大规模应用光伏时，地方政府可能会受影响屈从于开发商而持反对意见。然而，人们不得不重视光伏在减少 CO_2 排放上的作用。通过这个以"介绍光伏及其建筑美学与成本"为主题的讨论，能够帮助政府做出正确的决定。

建筑与城市中集成光伏：优秀光伏集成设计的标准

建筑师必须面对将光伏集成于建筑中的难题，考虑建筑物的自然环境、结构、电气、经济条件和组织管理。许多建筑设计案例在这方面仍有不足，这表明建筑师在该方面仍需努力。上述美学标准由国际能源署专家组于 20 世纪 90 年代针对建筑环境中的光伏提出 (Schoen et al, 2001)。为了光伏产品的生产和改良，也为从建筑学方面分类和评估集成光伏产品制定标准，这些专家研究了高质量光伏项目的设计标准。这些标准可以作为设计师和建筑评论家的指导原则。

优秀光伏建筑标准 (Schoen et al,2001)
1　光伏系统与建筑自然的整合
2　光伏系统与建筑外观相协调
3　色彩与材料完美结合
4　光伏系统符合建筑模数，光伏系统与建筑模数相契合
5　光伏系统与建筑文化相匹配（文脉性）
6　光伏系统及其集成方式的优化设计
7　光伏的应用带来创新设计

J 住宅 (J–House)，位于日本东京 (Tokyo)。光伏系统与建筑的自然结合。设计者：Jiro Ohno，日本东京 (Tokyo)
资料来源：© H. F. Kaan

1 光伏系统与建筑自然融合

从建筑学视角上看光伏系统应该合理集成，是建筑的必要部分。光伏系统不应当显得突兀，在建筑改造上应当看上去像是本来就存在一样。

2 光伏系统与建筑外观相协调

从建筑外观上看，设计必须美观。建筑本身应当符合美学原则，光伏系统不应过于改变建筑设计。虽然对于建筑美感的判断带有主观性，但人们通常还是秉承着普适的美学观点。

"De Kleine Aardé"，位于荷兰博克斯特尔 (Boxtel)。光伏系统与建筑文化相协调，令人赏心悦目
设计者：BEAR 建筑事务所，荷兰豪达 (Gouda)
资料来源：© Ronald Schlundt Bodien

阿默斯福特 (Amersfoort) 公寓区，位于荷兰纽兰德 (Nieuwland)。
光伏系统的色彩和质地与其他建筑材料完美结合
资料来源：© H. F. Kaan

美国洛杉矶圣安娜区的科学发现博物馆的"太阳能立方"
光伏系统，其中的光伏系统和建筑和谐的成为一个整体
建筑师为美国哈佛大学的 Steven Strong
资料来源：© T. H. Reijenga

瑞士祖格里奥的 UBS 银行的屋顶轮廓，可分离的光伏元
件使用建筑屋顶轮廓呈现高科技形象
资料来源：© P. Toggweiler

3 色彩与材料完美结合

光伏系统的色彩和质地应当与建筑的其他材料相协调。

4 光伏系统符合建筑模数，光伏系统与建筑模数相契合

光伏系统的尺度需要与建筑的尺度相匹配。

5 光伏系统与建筑文化相匹配（文脉性）

光伏系统需要与建筑的整体形象相协调。在历史建筑上使用光伏时，如果无法隐藏光伏系统，则应当使用光伏瓦而非大型光伏元件。高技术的光伏系统安装在高技派的建筑上或许看起来更好。

6 光伏系统及其集成方式的优秀设计

这里所说的优秀设计针对建筑细节的美感而言，与防水和结构耐用性无关。设计师真的关注到建筑细节了吗？材料用量还可以更少吗？设计师的这些思考会影响施工细节。

7 光伏的应用带来创新设计

虽然光伏系统的应用方式已有多种多样，但仍有待进一步开发。当前除了参照上述各条标准，我们还要推进光伏的创新设计。

怎样将光伏整合到建筑设计中？

上述标准可以选择性地应用于所有的建设材料和建筑构件。事实上，光伏并没有被认为是建筑中不可缺少的材料，所以，尽管这些标准大都可以自然适用于传统建筑材料的使用中，但是对于光伏来说，必须要有明确的规则并且要讨论。它根据具体情况进行分析。与窗户、屋面覆盖层、承重结构和建筑外观不同，人们不会接受没有窗户的建筑，更不可能接受没有承重结构的建筑，但是人们却不会认为光伏系统是不可或缺的。这就解释了为什么即使光伏系统能与建筑整合，但仍被视为一种附加物。建筑师们需要把这一点当做他们的设计出发点，并且采用下列设计方法。

光伏集成的效果，按为建筑设计加分的顺序递增排序	
1	从视觉上隐藏光伏
2	在设计中加入光伏
3	在建筑造型设计中加入光伏元素
4	光伏系统决定建筑造型
5	光伏系统带来新的建筑理念

日本东京的筑波开放空间实验室是光伏系统优秀集成设计案例。建筑师 Jiro Ohno，Tokyo
资料来源：© H. F. Kaan

荷兰中部阿默斯福特的独栋住宅从公共空间看不到光伏系统
资料来源：© H. F. Kaan

荷兰能源研究中心 42 号和 31 号建筑，光伏系统引导了建筑设计。建筑师为 T.H.Reijenga,BEAR Architekten
资料来源：© Het Houtblad, John Lewis Marshall

翻新后的公寓建筑，位于德国路德维希港。在设计中加入的光伏强化了建筑造型
资料来源：© H. F. Kaan

位于德国弗莱堡的独幢别墅。在"附加能源"的被动式节能建筑中，建筑造型设计上加入了光伏系统元素
资料来源：© H. F. Kaan

独幢别墅"Gelderse Blom"，位于荷兰维尼达尔(Veenendaal)光伏决定了建筑造型。
设计者：Han van Zwieten 建筑事务所
资料来源：© Han van Zwieten Architekten

1 从视觉上隐藏光伏

光伏系统隐藏在建筑中（所以不会对建筑产生干扰）。光伏系统可以和整个项目保持和谐的关系。美国的马里兰州（Maryland）项目是个很好的例子。该项目的设计之所以选择这种方法是出于对建筑"历史性"整体风格的考虑，现代高科技材料将不适合这种风格。

2 在设计中加入光伏

光伏系统作为设计的附加部分。在这种情况下，设计师很少采用光伏建筑一体化设计，但建筑却并不一定缺乏整体性。而且"附加的"光伏系统也并不总是可见的。

3 在建筑造型设计中加入光伏元素

在不改变建筑造型的情况下，光伏系统与建筑整体设计完美结合。也就是说，光伏与周边环境的整合 (contextual integration) 效果很好。

4 光伏系统决定建筑造型

设计师可以利用光伏系统增强建筑的表现力。光伏系统在建筑造型设计中起主要作用。

5 光伏系统带来新的建筑理念

单独使用光伏，或者与其他太阳能设施相结合，都能带来建筑设计上的创新。在设计中使用光伏模块体现了理念上的创新，并赋予建筑额外的价值。

以上内容是根据建筑与光伏集成程度进行分类的。然而，建筑的品质不应因使用光伏而下降。在古建类建筑翻新项目中，需要把光伏在视觉上隐藏起来。设计师所面临的挑战则是如何将光伏模块与建筑完美结合。光伏模块是新的建筑材料，能够提供新的设计思路。因此，将光伏模块应用到建筑中能够带来设计方案的创新。

独户别墅"De Keen"，位于荷兰埃滕 – 勒尔 (Etten–Leur)。光伏系统带来新建筑理念。设计者：T.H.Reijenga,BEAR 建筑师事务所

资料来源：© Ronald Schlundt Bodien

总结

上述准则的确定以建筑集成光伏为出发点。因为建筑是构成城市美学的一部分，因此建筑中集成光伏会对城市建筑美学产生影响，人们在评价城市环境时将会使用这些准则。

对于建筑师和建筑评论家来说，这些准则在很大程度上能够帮助他们判断光伏建筑一体化项目是否美观，无论建筑设计者是他们本人还是别人，无论光伏是结合城市环境设计还是光伏建筑一体化设计。这些准则都帮助他们学习了光伏技术，并且促进了设计的后期细化和完善工作，善于利用光伏技术的建筑师不仅得到客户的认可，也使光伏易于为公众接受。

公共空间中的光伏系统

布吕诺·盖东、若阿纳·费尔南德斯

简介

虽然建筑的屋顶和立面可以作为光伏安装的区域，但将光伏安装在建筑上并不是唯一选择。世界上许多城市都已实现光伏与非建筑构筑物的集成。在城市规模下实现这种集成借助了光伏材料在建筑学上的特性使它能够为城市里的设施提供电能。许多设施都得以利用，并且在一些城市里已经出现一系列不同的概念产品，包括独立式发电系统和并网发电系统。

在城市公共区域，光伏用于发电的同时还可以提供庇荫和遮阳的功能。在公共场合，

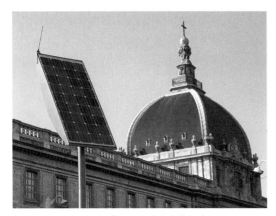

在法国里昂，公交车站显示系统由光伏供电
资料来源：© Hugues Perrin - Hooznext.com

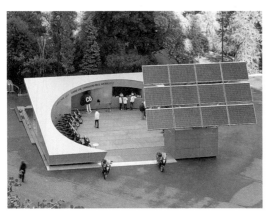

在德国弗赖堡，公交车站的信息显示屏由光伏供电
资料来源：© Solon AG

在荷兰的阿默斯福特，光伏光伏系统可以给人们提供遮阳
资料来源：© Hespul

光伏与非建筑构筑物集成光伏系统比屋顶光伏系统本身更引人注目，并且可以提升城市的形象，还能促进人们对光伏的认识。尤其当光伏通过精心设计展示出良好的多重功能时，非建筑构筑物上光伏系统会更好地推广可持续的城市能源方式。

在公共场所安装光伏系统的好处：

● 为光伏的安装提供更多适宜的地方来增加可再生电能的产量；
● 让光伏更亲近大众并且有助于人们了解可再生能源的产生方式；
● 推动当地的可持续性发展，尤其因为非建筑构筑物上的光伏有时候比建筑上的光伏更易于辨认。

在公共场所建设光伏有无限的可能，它主要取决于设计者的创意。非建筑构筑物的光伏可以分为以下形式：

● 城市街道设施；
● 休息场所，栅栏以及庇荫设施；
● 城市艺术小品。

城市街道设施

常见的城市街道设施有路灯、停车线、斑马线以及信号灯。这些设备的用电量很低，可以用一组小型光伏设备提供，光伏板的面积约为 $0.2 \sim 10 m^2$。

通过最大化提高能效，能够减少这些光伏的数量，降低成本。这些费用对传统设备是一个很大的挑战，特别是如果能节省建设一个传统供电系统的费用。

休息场所，栅栏以及庇荫设施

光伏最具探索价值的特性就是其遮阳的

功用。它既可以用在建筑物上作为遮阳棚，也可以用在停车场或其他设施上，光伏还可以用于隔音墙，既可以隔音又可以发电。

城市艺术小品

运用新型材料进行艺术作品和雕塑的创新设计，可以展示令人赞叹的美学。富有创意的光伏集成设施会增加群众对光伏的了解，同时还可以增加建筑师和设计者对新元素的热情。

利用光伏发电材料产品，可以实现光伏技术与城市设施的完美结合，使光伏系统的价值最大化。我们要实现高水准的作品，在设计中做到功能与形式的平衡。（Rodrigues，2004）

安装问题及设计策略

太阳能资源

建筑环境中比空地上存在更多的阴影区和低辐射区。选择光伏安装位置和合适的规模时，需要考虑到这一点。

外观形象

在促进光伏发展、提高光伏的大众认可度方面，视觉效果至关重要。光伏构造物的外观决定了它们对社区环境造成的影响是积极还是消极的。在城市中，特别是历史城市中心区建造光伏构筑物，不仅要将光伏系统与构物集成，还要使构筑物与周边环境融合。

故意毁坏公物及偷窃

人是所有城市发展策略的关键。我们不应忽视故意毁坏及偷窃行为。光伏产业及城市景观设施产业需要加强合作，并采取有效的设计策略来减少破坏。而光伏元件价格高昂，二手市场的出现使问题恶化。

在西班牙巴塞罗那的 2004 年论坛，光伏系统用来当做一个大型展览区的遮阳设备
资料来源：© Joseph Puig

像城市中的植物一样，使用光伏系统来捕获太阳能并提供荫凉
资料来源：© Wolfgang Krakau Architekt / 2nd Lisbon Ideas Challenge

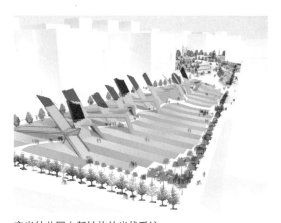

充当幼儿园上部结构的光伏系统
资料来源：© Chien Kuo Kai/2nd Lisbon Ideas Challenge

维修

我们也要考虑非建筑光伏构筑物的维护、修补以及更换问题。在设计构筑物时就应考虑到元件受损问题，使其更换方便更加快捷。在独立式光伏系统的设计中，还需要特别注意储能系统的维护问题。

成本

在非建筑构筑物上安装光伏，还必须考虑成本问题。由于光伏元件的价格一直居高不下，在大量使用光伏时需要尽可能地降低成本。为此，全面发挥光伏材料的性能显得十分必要。

光伏与城市电网分配

埃斯特法尼亚·卡马尼奥－马丁，布吕诺·盖东和赫尔曼·劳坎普

简介

在城市设计中引入光伏时，开发商必须告知当地的电网分销商：光伏系统需要连接到当地配电网。

和电网分销商进行有效对话非常重要，有利于使城市规模的光伏项目获得成功

资料来源：© EnergiMidt, photo Jakob Jensen

由于考虑到光伏系统和配电网会互相影响，电网分销商可能不愿意将配电网与光伏系统相连。本节内容旨在帮助开发商和电网分销商理解光伏系统对配电网的影响及其作用，促成两者之间有效的对话，以推动项目顺利进行。

光伏对配电网络的影响

由于光伏系统连接低电压或中等电压网络，它们可能会对配电网产生影响（Caamaño et al，2007b）。这些光伏发电装置所带来的影响可归纳为以下三方面：

1．网络维修和系统瘫痪时，配电网络运营商的员工安全问题；

2．发电质量问题；

3．连接光伏系统的配电网管理问题。

安全问题——非计划性"孤岛效应"

光伏系统通过逆变器将直流电转换为交流电，反馈到配电网。逆变器装配有自动检测和断电设备，在电网瘫痪和需要避免非计划性"孤岛效应"时切断电能。来自逆变器的非计划性"孤岛效应"只是实验室中观察到的理论情况。在实际项目中，甚至在大规模光伏系统的并网地区，这种情况都没有出现。这表明内部断电设备能够有效并且可靠地运转。事实上，最近的研究成果表明：在目前的技术保护下，非计划性"孤岛效应"所带来的运行危险可以被有效控制。因此，即使在高渗透系统（high penetration scenarios）中，"孤岛效应"也不会阻碍光伏系统与配电网的整合。

发电质量问题——电压上升

逆变器将光伏发电器输出的直流电转化为接近正弦波形的交流电，并保证了高转换效率。全球及各国的相关标准划分了用电质

量等级。这些标准涉及电压和频率变化、功率因数、谐频等因素。大多数近期研究表明现代光伏逆变器能够保证高转换效率，并产出高质量的电能。然而，当大量光伏系统与配电网相连时，在某些特殊情况下（低电能需求伴随高电能产出），距离当地变压器（支路中）较远的光伏系统可能会产生高于限值的电压。

事实上，在实际情况下，电压超标情况是配电网中光伏系统所带来的主要影响，这一情况会对电力使用者造成麻烦。因为在这种情况下，逆变器的自动过电压保护设施可能会将光伏系统与电网断开，造成产电量损失，从而影响光伏系统的运行效果。[1] 然而，过压问题在欧洲城市电网中从未出现，仅在少数几个郊区电网发生过。防止这种问题的措施如下：

- 优化配电网的电网设计（或改造现有电网），来允许分散的光伏系统互相连接；
- 根据当地光伏系统的设计预期，与现有配电网的电压相匹配；
- 利用新一代的光伏逆变器，它在未来能够为电网提供如电压控制的额外功能。

此外，随着电力系统从电力市场逐步独立出来，及对安全、供电质量和环境问题的日益关注，开发新的光伏逆变器正在不断推行。电网管理协调开发，会提高电网的电能质量（主动过滤，发电控制，被动电力控制，分阶段调整控制等等）。而且，与当地电网相结合，光伏系统能实现更多可能的贡献，如

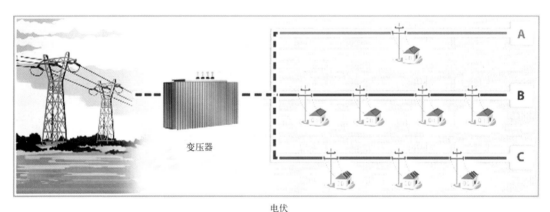

变压器

电伏

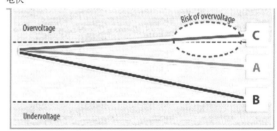

由于电力消耗，从支路 A 到支路 B 出现了典型的电压下降现象。在支路 C 处电压上升，不过其末端有超压的风险

资料来源：© Mizuho Information & Research Institute

与变压器间的距离

---

1   计划性"孤岛效应"：在电网维修或系统瘫痪时，电网中的一部分与主要部分断开。与设计理想状态相违背的是，断开部分仍在维持运转。

荷兰布隆森伯根假日公园（Holidaypark Brousbergen）项目中光伏发电（容量315kWp）占配电网（容量400kVA）电力的比例为80%

资料来源：© Continuon

促进电网稳定运行，对电网削峰填谷的调节。

反馈信息和电网分销商就光伏经验所提建议

我们对 30 多位欧洲电网分销商进行了采访，他们提供了将光伏系统连上配电网的工程经验（Caamaño et al，2007a）。总的来说，从欧洲公共设施的光伏系统中提供的经验是积极的。即使在高密度的城市环境中，并网光伏发电装置也能与低电压配电网兼容。一些潜在的令人担心的问题并非光伏系统特有，而适用于多数的分布式能源系统（如风力发电系统，热电平行系统等）。因此，科技的进步和相关领域技术的协调会有助于光伏在未来的推广和集成。

对于电网分销商来说，光伏逆变器遵守现有标准设计，"孤岛效应"将不是问题。考虑到系统中升高了电压，"孤岛效应"在城市中并不会产生太大问题，而在农村和偏远地区配电网较弱的情况下，该问题相对突出。就电能质量而言，电网分销商更关心现有电力设备（某些产生高电流谐波）导致的建筑质量下降问题。最后，光伏逆变器新的辅助

功能如电波过滤，电压调控和无效功率控制被电网分销商们看作是未来智能电的发展增长点。

在光伏工程经验相对丰富的欧洲国家，如德国和荷兰，电网分销商在光伏系统对电网影响上的担心较小，这是因为他们在光伏系统技术方面具备良好的技术，城市配电网络比较强大，运营商对电力的管理规范、责任清晰。相比之下，担心光伏系统对配电网产生消极影响的运营商往往工程经验不足。

从实地监控活动中得到的经验

在德国和荷兰，三个城市地产项目中采用了高密度的分布式光伏发电系统，对它们的现场长期监控表明光伏系统电压能够与低压配电网相协调。

在上述监控项目中，光伏发电在配电网的比例较大。因而我们可以认为城市电网接收较大比例的光伏发电是可行的。例如，传统的城市低压配电网可以接纳 70% 的电力来自光伏发电而不出现问题。在这次监控分析过程中，并没有出现电力受损的情况，仅有一次出现了问题，其原因是光伏逆变器与系统不匹配。

建议

- 在使用光伏的城市进行设计，负责基础设施设计的相关人员必须考虑到未来需要在场地上安装光伏系统，并将这一情况告知当地电网分销商。

- 为避免电力发电高峰和电力需求低峰同时出现时（特别是在乡村电网和弱电网地区）可能带来的电压上升问题，电网分销商必须在新配电网的设计阶段考虑到光伏系统的影响。

- 为了避免低压电网接纳光伏发电所带来的

问题，应该使光伏发电占电网总电能的 70% 以下 (Laukampet vet al,2008)。

- 即使供电网中电压等级的升高不会影响城市电网的电压稳定，在带有光伏的新居住区，在同一供电线路上电缆应当相同，而不是通常那样在供电线路末端减小 (Laukamp et al,2008)。

针对项目不同阶段的绝佳建议

唐娜·芒罗

以下提出的建议基于光伏专家的共同经验，涵盖了城市光伏项目的各个阶段：推广、设计、建造以及使用。

政策阶段——在一个地区推广光伏

- 为各级政府制定有关光伏的发展目标。
- 完善相关政策体系，尽快制定短期、中期、长期目标。
- 成立专门机构或可持续发展部门管理能源。
- 采取法规制度和经济刺激措施。
- 免费提供信息和前期帮助，使项目顺利启动。
- 安排相关参观和游览。
- 积极反馈项目信息（环境、社会、城市外观及经济利益），加强政策支持力度，创造良性循环。
- 大力宣传光伏项目所获荣誉，保证光伏的积极影响。
- 从早期项目中积累经验。

项目开启

- 在城市设计中尽早考虑太阳能利用问题。
- 与利益相关者进行探讨，特别是电网分销商。
- 尽可能使光伏多功能化。光伏可以成为遮阳设备，建筑材料，城市环境美化因素。
- 在已建成的建筑上，进行合理改造使光伏与之协调（光伏元件充当屋顶瓦片、保温

施赖尔堡"太阳能小镇"的电网分布。其中，光伏发电容量大于馈电变压器容量：400kWp 的光伏系统，400kVA 的变压器
资料来源：© Solarsiedlung GmbH

隔热材料）。

- 了解利益相关者的需求，针对不同的人提供不同的信息。建筑师可能需要设计规范，而工程师可能需要电力生产规范。
- 如果能在项目早期阶段了解到利益相关者之间的不同问题，则能帮助项目顺利进行。
- 尽早在场地信息中添加可再生能源的相关内容。
- 要求设计团队提供相关光伏设计经验的证明。
- 在交接任务（技术及合同）时，要明确项目进行到了哪个阶段，是委任阶段，签约阶段，还是初期阶段？
- 就光伏的基础知识培训其余的设计团队。

筹集资金

- 考虑所有的融资渠道（无论是通常手段还是创新方法）：补贴金、发电收入、馈网电价、

资款、赞助商、太阳能基金以及股份计划。

- 考虑通过使光伏多功能化来节约成本（例如，光伏可以作为遮阳设施）。
- 考虑项目复杂性，筹集资金所需要的努力，以及预期收益之间的平衡关系。多样化融资渠道可以弥补可能的资金不足。
- 融资和建设的时间安排表必须具有可行性。
- 在选择多种融资渠道时，在业主、政府和建设者之间，考虑合适投资人选。

设计阶段

- 在整个设计过程中，考虑被动式太阳能设计和能源效率问题。
- 前瞻性（允许未来添加新的可再生能源）。例如，在屋顶构件中预留有固定光伏的位置，并提供合适的电线系统。
- 遵循设计指导。很多机构都提供这些设计指导（Prasad and Snow, 2005）。
- 设定保修期并考虑保修内容（光伏系统构件、整个系统以及电力输出）。
- 明确关于屋顶、光伏等构件的保修责任。
- 考虑光伏建筑的可用样式范围，找到合适的光伏外观设计形式。
- 合理设计以保持系统的发电量（使系统维修、检查以及监控工作更为便利）。
- 考虑后期处理与循环利用。
- 系统的复杂程度应符合吸引业主所需投入。

项目施工 / 实现过程

- 如果项目在当地是首创的，要确保有光伏专家协助完成设计和建造工作。
- 完善安全导则，加入有关光伏的部分。
- 聘用经验丰富的安装工人。
- 承包商和安装工人之间的协调很重要。
- 将光伏的安装过程合理安排到建造过程中。
- 安装屋顶和光伏系统同时进行，以降低系统受损的风险。

- 及时配送光伏元件，以降低构件损毁或被盗风险。
- 安排光伏元件安全的储藏地并购买保险。
- 由于不确定性因素和风险会增加成本，需要向其他签订合同者提供相关信息，以避免由于工作延误和难以预料的问题带来额外成本。

系统交接

- 确保向业主提供相关信息，包括担保文件。
- 确保监控显示光伏系统正常运行，且用户能够理解相关信号和电流数据。
- 确保电力调试正常，且光伏系统能连接到配电网。
- 确保光伏项目能得到补贴政策的支持，必要时可以签订合同（在德国，一些补贴政策比法律要求的条件要差）。
- 确保维修计划的合理性，并做好记录与归档。
- 为系统购买保险。

光伏系统的运行

- 培养该地区居民因可持续发展而产生的自豪感。
- 当更换业主或技工时，要做好信息传递工作，必要时可以考虑建立正式的交接程序。
- 提供功率和发电量的预期结果，以便于检测系统故障。
- 向业主提供准确的数据及反馈，告知他们具体节能量。这一做法会更好地促进他们节约能源。
- 如果光伏系统运行状况不明，人们很难被鼓励节约能源。
- 必须有人负责检查系统的运行情况。
- 保证使用者和工作人员之间的沟通顺畅，以确保用户的疑惑能得到及时的答复，维修工作能正常进行。

前期计划中的风险

- 在城市规划初期未考虑太阳能的利用。
- 只有计划周到才能尽量避免问题。
- 电网分销商不清楚何时安装供电网，导致供电点不足。这意味着今后要更多投入来进行电网改造工作。
- 投资与开发不同步。

系统交接的风险

- 业主通常不熟悉文书工作，将系统移交给用户时不要使用合同。
- 业主更替易导致信息丢失。
- 无人监控，或无人愿意对系统进行维修。
- 光伏系统收益低难以持久。

参考文献

Alsema, E. A. and de Wild-Scholten, M. J. (2007) *Reduction of Environmental Impacts in Crystalline Silicon Photovoltaic Technology – An Analysis of Driving Forces and Opportunities*, Proceedings of the Materials Society Fall Meeting, Symposium R – Life Cycle Analysis for New Energy Conversion and Storage Systems, MRS online proceedings, www.mrs.org, accessed 29 January 2009

Becquerel, E. (1839) 'Mémoire sur les effets électriques produits sous l'influence des rayons solaires', *Comptes Rendues* vol 6, p561

Caamaño, E., Suna, D., Thornycroft, J., Cobben, S., Elswijk, M., Gaiddon, B., Erge, T. and Laukamp, H. (2007a) *Utilities Experience and Perception of PV Distributed Generation*, Deliverable D4.2 of the PV UP-SCALE project, Madrid

Caamaño, E., Thornycroft, J., De Moor, H., Cobben, S., Jantsch, M., Erge, T., Laukamp, H., Suna, D. and Gaiddon, B. (2007b) *State-of-the-Art on Dispersed PV Power Generation: Impacts of PV-DG and electricity networks*, Deliverable D4.1 of the PV UP-SCALE project, Madrid

Cobben, S., Laukamp, H. and Gaiddon, B. (2008) *Impact of PV Systems in High Capacity PV Settlements*, Deliverable D4.3 of the PV UP-SCALE project, Freiburg

Laukamp, H., Caamaño, E., Cobben, S., Erge, T. and Thornycroft, J. (2008) *Recommendations for Utilities*, Deliverable D4.4 of the PV UP-SCALE project, Freiburg

Perlin, J. (1999) *From Space to Earth: The story of solar electricity*, aatec publications, Ann Arbor, MI, US

Prasad, D. and Snow, M. (2005) *Designing with Solar Power, A Source Book for Building Integrated Photovoltaics (BIPV)*, Earthscan, London

Rodrigues, M. (2004) *1st Lisbon Ideas Challenge – Urban Design with Photovoltaics*, IN+/IST Technical University of Lisbon, Lisbon

Schoen, T., Prasad, D., Ruoss, D., Eiffert, P. and Sørensen, H. (2001) *Task 7 of the IEA PV Power Systems Program. Achievements and outlook*, 17th European Photovoltaic Solar Energy Conference, 22–26 October, Munich

附 录

第 1 章

PV UP-SCALE 项目 www.pvupscale.org

IEA PVPS Task 10 国际能源署 PVPS Task 10 www.iea-pvps.org

第 2 章

澳大利亚，悉尼奥运村

美瓦克 - 联盛集团 - 奥运村财团 www.newingtonvillage.com.au

BP 太阳能公司 www.bpsolar.com.au

奥地利，格莱斯多夫

能源区格莱斯多夫 / 魏茨 www.energieregion.at

Feistritzwerke 公司 www.feistritzwerke.at

格莱斯多夫城：www.gleisdorf.at

法国，大里昂区，达赫莱泽

OPAC 大里昂住房组织 www.opac-grandlyon.com

韦尼雪 www.ville-venissieux.fr

大里昂区能源署 www.ale-lyon.org

Tenesol 公司 www.tenesol.com

法国，圣普列斯特，弗以伊高地

SERL 公司 www.serl.fr

MCP 集团 www.groupemcp.com

光伏 - 小行星项目 www.pv-starlet.com

德国，施赖尔堡太阳能小镇

建筑师 Rolf Disch www.rolfdisch.de

能源盈余屋® www.plusenergiehaus.de

太阳能小镇有限公司 www.solarsiedlung.de

太阳能基金 www.freiburgersolarfonds.de

弗赖堡 www.solarcity-freiburg.de

意大利，亚历山德里亚

亚利历山德里亚 www.comune.alessandria.it

日本，城西光伏示范区

新能源及工业技术发展协会 (NEDO) www.nedo.go.jp

太田市 www.city.ota.gunma.jp

荷兰，阿姆斯特丹，纽斯罗登光伏住宅

光伏数据库 www.pvdatabase.org

光伏建筑一体化指南 www.bipvtool.com

荷兰，阿默斯福特，纽因兰

光伏数据库 www.pvdatabase.org

荷兰，HAL 地区，"太阳城"
海尔许霍瓦德市 www.heerhugowaard.nl
HAL 项目 www.ceesbakker.nl

西班牙，巴塞罗那
巴塞罗那能源署 www.barcelonaenergia.cat
巴塞罗那城市议会 www.bcn.es
Canal Solar Barcelona，实时监控数据 www.canalsolar.com

瑞典，马尔默
马尔默太阳城 www.solarcity.se
马尔默 www.malmo.se

英国，克里登
莫顿法则 www.themertonrule.org
克里登议会 www.croydon.gov.uk
创意环保网络 www.cen.org.uk
太阳能世纪公司 www.solarcentury.com

英国，克里斯
克里斯议会 www.kirklees.gov.uk
艾世登奖 www.ashdenawards.org
泰坦尼克工厂 www.lowryhomes.com/titanicmill
"太阳城" www.suncities.nl

加利福尼亚州，兰乔科尔多瓦，"首府花园"新住宅开发区
萨克拉门托市政部公共事业部门 www.smud.org
首府住宅 www.premierproenergy.com

第 3 章
丹麦，渥尔比，渥尔比太阳城
渥尔比太阳城项目 www.solivalby.dk
"复兴"项目 www.resurgence.info

法国，里昂，里昂汇流区
里昂汇流区 www.lyon-confl uence.fr
里昂汇流区 www.laconfl uence.fr
大里昂区议会 www.grandlyon.com
"复兴"项目 www.renaissance-project.eu

德国，柏林，太阳能城市规划
柏林城市发展部门
www.stadtentwicklung.berlin.de

德国，科隆－瓦恩区，太阳能地产
住在埃尔茨霍夫网站 www.wohnen-am-eltzhof.de
北莱茵河-威斯特法伦能源署 www.energieagentur.nrw.de

德国，盖尔森基兴－俾斯麦区，太阳能社区
盖尔森基兴太阳城 www.solarstadt-gelsenkirchen.de

葡萄牙，里斯本，帕德里克鲁兹社区
里斯本城市概念挑战赛 www.lisbonideaschallenge.com.pt
大赛主办方 http://in3.dem.ist.utl.pt

英国，巴罗，巴罗港口开发区
巴罗区议会 www.barrowbc.gov.uk
西部湖区复兴委员会 www.westlakes renaissance.co.uk
可持续住宅规范 www.breeam.org
莫顿法则 www.themertonrule.org

案例列表研究

	市政政策	创新融资方式	场地设计	光伏建筑一体化	改进	公共部门参与	住房协会	私人开发商	光伏入网问题	光伏构筑物	能效/其他可再生能源	业主反馈	操作与维护
第2章													
澳大利亚，悉尼奥运村						×		×		×	×		
奥地利，格莱斯多夫	×	×				×				×	×		×
法国，大里昂区，达赫莱泽			×	×		×					×		
法国，圣普列斯特，弗以伊高地			×	×				×	×		×		
德国，弗赖堡，施赖尔堡太阳能地产		×	×	×				×			×	×	
意大利，亚历山德里亚	×		×		×		×			×			
日本，城西光伏示范区						×			×				
荷兰，阿姆斯特丹，纽斯罗登光伏住宅		×	×			×					×		×
荷兰，阿默斯福特，纽因兰			×	×		×	×				×	×	×
荷兰，HAL 地区，"太阳城"	×	×				×							
西班牙，巴塞罗那	×			×	×						×		×
瑞典，马尔默	×			×	×						×		
英国，伦敦，克里登	×			×					×		×		
英国，克里斯	×							×	×		×	×	×

	市政政策	创新融资方式	场地设计	光伏建筑一体化	改进	公共部门参与	住房协会	私人开发商	光伏入网问题	光伏构筑物	能效/其他可再生能源	业主反馈	操作与维护
美国,"首府花园"				×		×		×	×		×	×	×
第3章													
丹麦,渥尔比,渥尔比太阳城	×	×		×						×			
法国,里昂,里昂汇流区	×		×	×				×	×		×		
德国,柏林,太阳能城市规划	×					×		×		×			
德国,科隆 - 瓦恩区,太阳能地产			×	×						×			
德国,盖尔森基兴 - 俾斯麦区,太阳能社区	×		×	×						×			
葡萄牙,里斯本,帕德里克鲁兹社区				×			×				×		
英国,巴罗港口开发区	×		×					×			×		

贡献者列表

简介

Donna Munro, 英国

Bruno Gaiddon, Hespul 公司, 法国

Henk Kaan, 荷兰能源研究中心 ECN, 荷兰（Energy Research Centre of The Netherlands ECN）

第 1 章　为城市规模的光伏系统而规划

Donna Munro, 英国

第 2 章　已建成的城市规模光伏发电系统案例研究

澳大利亚, 悉尼奥运村

Mark Snow, 新南威尔士大学, 澳大利亚

Deo Prasad, 新南威尔士大学, 澳大利亚

奥地利, 格莱斯多夫

Demet Suna, 维也纳理工大学, 能源经济小组, 奥地利

Christoph Schiener, 维也纳理工大学, 能源经济小组, 奥地利

法国, 大里昂区, 达赫莱泽

Bruno Gaiddon, Hespul 公司, 法国

法国, 圣普列斯特, 弗以伊高地

Bruno Gaiddon, Hespul 公司, 法国

德国, 弗赖堡, 施赖尔堡"太阳能地产"

Ingo B. Hagemann, www.architekturbuerohagemann.de, 德国

意大利, 亚利山德里亚

Francesca Tilli, 电气管理委员会, GSE, 意大利

Michele Pellegrino, ENEA, 意大利

Antonio Berni, 佛罗伦萨环境运输协会, 意大利

Niccolò Aste, 米兰理工大学, 意大利

日本, 城西

Shogo Nishikawa, 日本大学, 日本

Tomoki Ehara, 瑞穗信息研究院, 日本

荷兰, 阿姆斯特丹, 纽斯罗登

Jadranka Cace, Rencom 公司, 荷兰

Emil ter Horst, Horisun 公司, 荷兰

荷兰, 阿默斯福特, 纽因兰

Jadranka Cace, Rencom 公司, 荷兰

Emil ter Horst, Horisun 公司, 荷兰

荷兰, 海尔许霍瓦德 阿尔克马尔和兰格迪克 (HAL) 地区, "太阳城"

Marcel Elswijk, 荷兰可再生能源研究中心 ECN, 荷兰

Henk Kaan, 荷兰可再生能源研究中心 ECN, 荷兰

Lucas Bleijendaal, 荷兰可再生能源研究中心 ECN, 荷兰

西班牙, 巴塞罗那

Estefanía Caamaño-Martín, 马德里理工大学, 太阳
能学部, 西班牙

瑞典, 马尔默

Anna Cornander, 马尔默"太阳城", 瑞典

英国, 伦敦, 克里登

Emily Rudkin, 合乐集团, 英国

英国, 克里斯

Donna Munro, 英国

美国, 兰乔科尔多瓦, 加利福尼亚州, "首府花园"
新住宅开发区

Christy Herig, 太阳能电力协会, 美国

第 3 章　规划中的城市规模光伏发电系统案例

丹麦, 渥尔比, 渥尔比太阳城

Kenn H. B. Frederiksen, EnergiMidt A/S, 丹麦

法国, 里昂, 里昂汇流区

Bruno Gaiddon, Hespul 公司, 法国

德国, 太阳能城市规划 柏林

Sigrid Lindner, Ecofys 公司, 德国

德国, 太阳能地产 科隆 - 瓦恩区

Sigrid Lindner, Ecofys 公司, 德国

德国, 太阳能社区, 盖尔森基兴 - 俾斯麦区

Sigrid Lindner, Ecofys 公司, 德国

葡萄牙, 里斯本, 帕德里克鲁兹社区

Maria João Rodrigues, Wide Endogenous
Energy Solution, 葡萄牙

Joana Fernandes, 里斯本市能源与环境署, 葡萄牙

英国, 巴罗港口开发区

Donna Munro, 英国

第 4 章　规范框架及项目融资

国家规划进程

Donna Munro, 英国

光伏项目可行的融资方案

Sigrid Lindner, Ecofys 公司, 德国

第 5 章　设计指南

光伏基础知识

Wim Sinke, 荷兰能源研究中心 ECN, 荷兰

光伏与建筑美学

Henk Kaan, 荷兰可再生能源研究中心 ECN, 荷兰

Tjerk Reijenga, KOW X 公司, 荷兰

公共空间中的光伏系统

Joana Fernandes, 里斯本市能源与环境署, 葡萄牙

Bruno Gaiddon, Hespul 公司, 法国

光伏与城市电网分配

Estefanía Caamaño-Martín, 马德里理工大学, 太阳
能学部, 西班牙

Bruno Gaiddon, Hespul 公司, 法国

Hermann Laukamp, 太阳能系统研究所 (ISE), 德国

针对项目不同阶段的绝佳建议

Donna Munro, 英国

致 谢

我们向以下人员致以诚挚的谢意：

• 本书贡献者孜孜不倦的帮助；

• 国际能源署《光伏能源系统发展计划》（PVPS）项目专家们的技术支持；

• 欧盟委员会《欧洲智能能源规划》项目提供的财政支持；

• 法国国家环境与节能署 (ADEME) 的财政支持。

我们还要向为本书案例研究提供信息与技术支持的组织及个人致以感谢，他们是：

澳大利亚，悉尼奥运村

美瓦克 - 联盛集团 - 奥运村财团

BP 太阳能公司，澳大利亚分部

澳大利亚能源局

澳大利亚可再生能源发展委员会 (SEDA)

奥地利，格莱斯多夫

格莱斯多夫市

Feistritzwerke 公共事业公司

法国，大里昂区，达赫莱泽

OPAC 大里昂区 Tenesol 公司

法国国家环境与节能署

大里昂区能源署

法国，圣普列斯特，弗以伊高地

SERL 公司

France-Terre 集团

GRDF 公司

德国，弗赖堡，施赖尔堡"太阳能地产"

弗劳恩霍夫太阳能系统研究所 ISE

Rolf Disch

"太阳能小镇"有限公司

弗赖堡市

意大利，亚利山德里亚

亚利山德里亚市

日本，城西

新能源及产业技术发展协会 (NEDO)

太田市

荷兰，阿姆斯特丹，纽斯罗登

阿姆斯特丹能源署

SenterNovem 公司

NUON 公司

荷兰，阿默斯福特，纽因兰

ENECO 公司

BOOM 公司

SenterNovem 公司

荷兰，海尔许霍瓦德 阿尔克马尔和兰格迪克 (HAL) 地区，"太阳城"

海尔许霍瓦德市

西班牙，巴塞罗那　　　　　　　　　　Cenergia

巴塞罗那能源署　　　　　　　　　　　Hasløv & Kjærsgaard

巴塞罗那市　　　　　　　　　　　　　法国，里昂，里昂汇流区

瑞典，马尔默　　　　　　　　　　　　SPLA 里昂汇流区

马尔默市　　　　　　　　　　　　　　德国，太阳能城市规划 柏林

英国，伦敦，克里登　　　　　　　　　柏林城市发展参议院

克里登议会　　　　　　　　　　　　　德国，太阳能地产 科隆 - 瓦恩区

太阳能世纪公司　　　　　　　　　　　北莱茵 - 威斯特法伦能源署

英国，克里斯　　　　　　　　　　　　科隆市

克里斯议会环境部　　　　　　　　　　德国，太阳能社区，盖尔森基兴 - 俾斯麦区

约克郡住房协会　　　　　　　　　　　盖尔森基兴市

美国，兰乔科尔多瓦，加利福尼亚州，"首府花园"　　葡萄牙，里斯本，帕德里克鲁兹社区

新住宅开发区　　　　　　　　　　　　里斯本市

"首府住宅"　　　　　　　　　　　　　里斯本城市化公共公司 (EPUL)

萨克拉门托市政部 (SMUD)　　　　　　葡萄牙国家能源署 (ADENE)

美国能源部　　　　　　　　　　　　　里斯本市能源与环境署 (Lisboa E-Nova)

NREL 公司　　　　　　　　　　　　　英国，巴罗港口开发区

丹麦，渥尔比，渥尔比太阳城　　　　　巴罗区议会

哥本哈根能源与城市复兴委员会　　　　西部湖区复兴委员会

缩略语表及专有名词

缩略语

ACs
Autonomous Communities (Spanish regional governments) 自治社区（西班牙地方政府）

ADEME
French National Agency for the Environment and Energy Savings 法国国家环境与节能署

AEB
Barcelona Energy Agency 巴塞罗那能源署

BIRA
Building Industry Research Alliance 建筑业研究联盟

BREEAM
Building Research Establishment's Environmental Assessment Method (UK) 英国建筑研究院环境评估方法（英国）

CEC
Energy Commission 加利福尼亚能源委员会

DNO
Distribution Network Operator 电网分销商

EACI
Executive Agency for Competitiveness and Innovation 竞争与创新执行署

EBA
Energy Company Amsterdam 阿姆斯特丹能源公司

EsCos
energy service companies 能源服务公司

ETP
Energy Technologies Perspectives 能源技术展望

EU
European Union 欧盟

FP
framework programme 框架研究项目

HAL
Heerhugowaard, Alkmaar and Langedijk 海尔许霍瓦

德 阿尔克马尔和兰格迪克

IEA
International Energy Agency 国际能源署

IEA PVPS
International Energy Agency – Photovoltaic Power
Systems Programme 国际能源署光伏发电系统计划

IEC
International Electrotechnical Commission 国际电子
技术委员会

IEE
Intelligent Energy – Europe 欧洲智能能源规划

IPCC
Intergovernmental Panel on Climate Change 政府间
气候变化专业委员会

LEG
State Development Association (Germany) 国家发展
协会（德国）

NatHERS
National Housing Energy Rating Scheme 国家住宅能
源评价体系
NEDO New Energy and Industry Technology
Development Organization 新能源与产业发展组织

NSW
New South Wales 新南威尔士

OCA
Olympic Co-ordination Authority 奥林匹克协调管理局

OECD
Organisation for Economic Co-operation and
Development 经济合作与发展组织

PMEB
Plan de Mejora Energética de Barcelona 巴塞罗那能
源改善规划

PV UP-SCALE
Photovoltaics in Urban Policies – Strategic and
Comprehensive Approach for Long-term Expansion
政策引导光伏 - 适于长远发展的综合策略

ROC
Renewable Obligation Certificate (UK) 可再生能源
义务认证书
SCC Solar City Copenhagen 太阳城

SEDA
Sustainable Energy Development Authority 可再生能
源发展管理局

SET
Strategic Energy Technology 策略性能源科技

SMUD
Sacramento Municipal Utility District 萨克拉门托市
政部

专有名词

AC alternating current 交流电

BIPV
building-integrated PV (BIPV) 光伏建筑一体化

BoS
balance-of-system 系统平衡

CHP
combined heat and power 热电联供

DC
direct current 直流电

kWp
kilowatts peak 峰值功率瓦数

LV
low voltage 低压

MV
medium voltage 中压

MWp
megawatts, peak 兆瓦，峰值

near-ZEH
near zero energy homes 近零能耗住宅

PV
Photovoltaics 光伏

R&D
research and development 研究与发展

RE
renewable energy 可再生能源

英汉词汇对照

Becquerel, Edmond

BedZED housing development, Croydon BedZED 住宅项目，克里登

Bell Laboratories 贝尔实验室

Berlin 柏林

Berry, Seb

Bhalotra, Ashok

Blok, Holger

BOOM BOOM 公司

Boxtel, Netherlands 博克斯特尔，荷兰

BP Solar BP 太阳能公司

BP Solarex BP 太阳能展

BREEAM see Building Research Establishment's Environmental Assessment Method

BREEAM 见 建筑研究所环境评估法 (BREEAM)（英国）

building design 建筑设计

avoiding shading 避免遮挡

criteria for successful PV integration 优秀光伏一体化的标准

incorporating PV 引入光伏

Building Industry Research Alliance (BIRA) 建筑产业研究联盟

building-integrated PV (BIPV) systems 光伏建筑一体化

Olympic Solar Village 太阳能奥运村

see also integration of PV 另见 光伏的整合

building permits 施工许可

building regulations 建筑规范

Barcelona 巴塞罗那

UK 英国

building renovation, integration of PV 建筑翻新，光伏的整合

Building Research Establishment's Environmental Assessment Method (BREEAM)（UK）建筑研究所环境评估法 (BREEAM)（英国）

bus stop displays 公交车站显示系统

Butterhuizen project, Heerhugowaard 布特海尔森，海尔许霍瓦德

California Energy Commission (CEC), New Solar Homes Partnership 加利福尼亚能委员会（CEC），新太阳能住宅项目合作伙伴

capital subsidies 资金补贴

Casermette II, Alessandria，凯瑟梅特二号，亚利山德里亚

Castells Guiu, Cristina

Castricum, Netherlands 卡斯特里克姆，荷兰

Cenergia Cenergia 公司

chimneys 烟囱

civic participation 公众参与

climate change 气候变化

codes for green buildings 绿色建筑规范

Code for Sustainable Homes (UK) 可持续住宅规范（英国）

Cologne Bocklemünd 科隆伯克蒙德

Cologne-Wahn, Germany 科隆 - 瓦恩区，德国

commercial viability 商业可行性

Olympic Solar Village 太阳能奥运村

see also property developers and institutional investors 另见 房地产开发商及学院投资者

commissioning 实施

competitions 竞赛

Cologne-Wahn 科隆 - 瓦恩区

Lisbon Ideas Challenge "里斯本城市概念挑战赛"

computer-generated images 电脑模拟图

CONCERTO initiative CONCERTO 项目

Concko, Tania

construction materials 建筑材料

Olympic Solar Village 太阳能奥运村

see also roofing materials 另见 屋面材料

construction/realization 项目施工 / 实现过程

Nieuw Sloten PV houses 纽斯罗登光伏住宅

Olympic Solar Village 太阳能奥运村

insurance 保险

integration of PV 光伏的整合

criteria for good design 优秀设计的标准

electricity distribution networks 电力分配网络

Energy-Surplus-Houses® 能源盈余屋®

Nieuw Sloten PV houses 纽斯罗登光伏住宅

public spaces 公共空间

size of systems 系统规模

see also building-integrated PV (BIPV) systems 另见光伏建筑一体化

Intelligent Energy – Europe (IEE)《欧洲智能能源规划》

Intergovernmental Panel on Climate Change (IPCC) 政府间气候变化小组（IPCC）

International Energy Agency (IEA) 国际能源署（IEA）

Energy Technologies Perspectives (ETP)《能源技术展望》（ETP）

Photovoltaic Power Systems Programme 光伏发电系统计划

Photovoltaics in the Built Environment 建筑环境中的光伏

inverters 逆变器

ancillary services 辅助功能

monitoring and maintenance 监控与维护

Nieuw Sloten PV houses 纽斯罗登光伏住宅

temperature extremes 温度极限

investment funds 投资资金

investor manuals 投资者操作手册

Italy 意大利

Japan 日本

J-House, Tokyo J住宅，东京

Jyosai Town PV Demonstration Area 城西镇光伏示范地区

Kaltenegger, Erwin

Kandenko Company Ltd Kadenko 有限公司

Kirklees Council 克里斯议会

Energy and Water Conservation Fund 能源与水资源保护基金

Environmental Unit 环境单元

Renewable Energy Capital Fund 可再生能源资本基金

La Darnaise project, Lyon 达赫莱泽项目，里昂

land purchase contracts 土地买卖合约

lease back schemes 回租计划

lease of roof areas 租用屋顶区域

Les Hauts de Feuilly, Grand-Lyon 弗以伊高地，大里昂区

lifetime of PV systems 光伏系统寿命

light-concentrating optics 集光光学系统

lighting 照明

Croydon 克里登

Gleisdorf 格莱斯多夫

Sydney 悉尼

Lisboa E-Nova 里斯本市能源与环境署

Lisbon Ideas Challenge 里斯本城市概念挑战赛

Lisbon Municipality 里斯本市政部

Local Development Frameworks (UK) 地方发展框架（英国）

local government 地方政府

planning policy 规划政策

planning procedures 规划程序

regulation of new and renovated buildings 新建建筑与翻新建筑的规范

local policies 地方法规

Barcelona City Council 巴塞罗那城市议会

Croydon Borough Council 克里登区议会

Freiburg 弗赖堡

London Renewables Toolkit 伦敦可再生能源发展建议集

Los Angeles, US 洛杉矶，美国

low energy appliances 低能耗电器

Ludwigshafen, Germany 路德维希港，德国

Lyon-Confluence project 里昂汇流区项目

Madrid 马德里

maintenance and support 维护与支持

access to inverters 逆变器接口

Barcelona 巴塞罗那

checking performance 运行状况检查

Gleisdorf 格莱斯多夫

handover 系统交接

Kirklees Council 克里斯议会

Nieuwland project 纽因兰项目

Nieuw Sloten PV houses 纽斯罗登项目

non-building PV structures 光伏构筑物

Malmö, Sweden 马尔默，瑞典

Marburg, Germany 马堡，德国

Maryland (US) 马里兰州（美国）

Mellanhed School, Malmö 梅尔兰海德学校，马尔默

Merton Rule "莫顿法则"

micro-generators 微型发电器

minimum sustainable buildings rating 可持续建筑最低评分

Mirvac Lendlease Village consortium 美瓦克 - 联盛集团 - 奥运村财团

monitoring systems 监控系统

Barcelona projects 巴塞罗那项目

Nieuw Sloten PV houses 纽斯罗登光伏住宅

multifunctional noise-protection wall,Gleisdorf 多功能放噪墙，格莱斯多夫

municipal buildings see public buildings 市政建筑 见公共建筑

municipal leasing model 市政外租模板

MVRDV

National Energy Agency (Portugal) (ADENE) 国家能源署（葡萄牙）（ADENE）

National Housing Energy Rating Scheme (NatHERS) (Australia) 国家住房能效评级体系（NatHERS）（澳大利亚）

national policies 国家政策

Germany 德国

Netherlands 荷兰

UK 英国

National Solar League (Germany) 国家太阳能联盟（德国）

NEDO (New Energy and Industry Technology Development Organization, Japan) NEDO（新能源及工业技术发展协会，日本）

Netherlands 荷兰

national policy 国家政策

planning 规划

Neukölln-Südring, Berlin 新克尔恩 - 苏德林，柏林

Newington, Australia 纽因顿，澳大利亚

New South Wales Sustainable Energy Development Authority (SEDA) 新南威尔士可再生能源发展管理局

New South Wales University 新南威尔士大学

PV Special Research Centre 光伏研究中心

Nieuwland MW PV project, Amersfoort 纽因兰 MW 光伏项目，阿默斯福特

monitoring and maintenance 监控与维护

Nieuw Sloten PV houses, Amsterdam 纽斯罗登光伏项目，阿姆斯特丹

Noise 噪声

inverters 逆变器

protection wall 防护墙

North-Rhine-Westphalia Energy Agency 北莱茵 - 威斯特法伦能源署

Les Nouveaux Constructeurs 新制造商

Novem (SenterNovem) Novem 公司（SenterNovem）

Nuon (utility company) Nuon 公司（公共事业公司）

obligations on levels of renewable energy 可再生能源级别义务

Ohno, Jiro

Olympic Co-ordination Authority 奥林匹克协调管理局 (OCA)

on-site monitoring campaigns 实地监控活动

OPAC Grand-Lyon OPAC 大里昂住房组织

Organisation for Economic Co-operation and Development (OECD) countries, energy Consumption，经济合作与发展组织，能源消耗

orientation 朝向

early planning for 早期规划

Les Hauts de Feuilly 弗以伊高地

Nieuwland project 纽因兰项目

to supply peak load 供给高峰负荷

Ota-city, Japan 太田市，日本

Ownership and long-term operation 系统所有权及长
　期维护

municipal 市政

Nieuwland project 纽因兰项目

planning for 为…做规划

research into home buyers 住房买家调查

separated between house and PV system

see also land purchase contracts 另见 土地买卖合同

Pachauri, R. K.

Pacific Power 太平洋电力公司

panels see solar modules 光伏面板 见 太阳能元件

passive houses 被动太阳房

passive solar design techniques 被动式太阳能设计技术

performance see energy production 运行状况 见 能源
　产出

performance data 运行数据

photovoltaic effect 光电效应

Pilkington Solar 皮尔金顿太阳能公司

planning 规划

for long-term operation 为了长期的操作

for renewables 为了可再生能源

site layout 场地布局

successful implementation 成功的应用

variations in approach 方法之间的差异

see also urban planning 另见 城市规划

planning permission 规划许可

PMEB (Plan de Mejora Energética de Barcelona)
　PMEB 巴塞罗那能源改善规划

political commitment 政治承诺

Pollack, Henry

Portugal 葡萄牙

power quality 能源质量

Premier Gardens development, California 首府花园
　开发项目，加利福尼亚

Premier Homes 首府住宅

Pretty, David

pride in sustainability 因可持续发展而自豪

Primrose Hill, Kirklees 樱草花山，克里斯

private clients 私人客户

project management 项目管理

Nieuw Sloten PV houses 纽斯罗登光伏住宅

project start-up 项目开启

project teams 项目团队

promotion of PV 光伏的推广

Barcelona 巴塞罗那

Denmark 丹麦

Gleisdorf 格莱斯多夫

Grand-Lyon 大里昂区

Sweden 瑞典

see also demonstration PV projects 另见 示范性光伏
　项目

property developers and institutional investors 房地产
　开发商和学院投资者

Amsterdam 阿姆斯特丹

California 加利福尼亚

Freiberg 弗赖堡

Kirklees 克里斯

Lyon-Confluence 里昂汇流区

Stad van de Zon "太阳城"

UK 英国

property values 房地产价值

public buildings 公共建筑

Alessandria 亚利山德里亚

Barcelona 巴塞罗那

Germany 德国

Gleisdorf 格莱斯多夫

Kirklees 克里斯

self-financing 自筹经费

semiconductors 半导体

SERL SERL 公司

shading 遮挡

buildings 建筑

by PV in public areas 由公共区域里的光伏系统

see also solar shading 另见 太阳遮挡

Shadovoltaics system 阴影光伏系统

shareholders 股东

Shell Solar Shell 太阳能公司

shelter 遮蔽

shopping centres 购物中心

SIER SIER 公司

site layout 场地布局

Barrow 巴罗

Premier Gardens 首府花园

see also urban planning 另见 城市规划

size of systems 系统规模

skating rinks 陆冰场

SMUD see Sacramento Municipal Utility District (SMUD) SMUD 见 萨克拉门托市政部 (SMUD)

solar access 阳光入射

see also shading 另见 遮挡

Solar Board (Barcelona) 太阳能委员会 （巴塞罗那）

solar cells 太阳能电池

Solar Century 太阳能世纪公司

Solar City Copenhagen (SCC) 哥本哈根 "太阳城" （SCC）

Solar City Gelsenkirchen 盖尔森基兴 "太阳城"

Solar City Malmö 马尔默 "太阳城"

Solar Lokal　Solar Lokal 公司

solar modules 太阳能元件

Solar Plant of the Year award (Sweden) "年度最佳太阳能装置" （瑞典）

solar potential 太阳能发展潜力

Berlin 柏林

Gelsenkirchen 盖尔森基兴

Solar PV Ordinance for Barcelona 《巴塞罗那市太阳能光伏条例》

solar shading 太阳遮挡

Solarsiedlung am Schlierberg project, Freiberg 施赖尔堡 "太阳能小镇" 项目，弗赖堡

Solarsiedlungs GmbH "太阳能小镇" 有限公司

solar street, Gleisdrof "太阳能街道"，格莱斯多夫

Solar Thermal Ordinance (Barcelona City Council) 太阳能供热条例（巴塞罗那城市议会）

solar thermal systems see solar water heating "太阳能热水系统" 见 太阳能热水系统

solar tree, Gleisdorf "太阳能树"，格莱斯多夫

solar villages 太阳能村

Cologne-Wahn 科隆 - 瓦恩区

Fernside 蕨边

Olympic Solar Village 太阳能奥运村

Primrose Hill 樱草花山

solar water heating 太阳能热水

Sol i Valby project, Denmark 渥尔比太阳城项目，丹麦

sound barriers 隔音墙

Spain 西班牙

Spitfi re Business Park, Croydon 克里登

SPLA Lyon-Confluence SPLA 里昂汇流区

Stad van de Zon, Netherlands

transfer of knowledge 知识的转换

stand-alone systems 独立式系统

storage, grid-connected systems 储能系统，并网光伏系统

Strategic Energy Technology (SET) Plan 策略性能源科技（SET）规划

street equipment 街道设施

Strong, Steven

sub-arrays 次级阵列

subsidies see funding 资助 见 资金

Suglio, Switzerland 祖格里奥，瑞士

SunCities project (EC) 太阳城是仙姑（EC）

Sunlight 太阳光

Vénissieux, Grand-Lyon 韦尼雪，大里昂区

ventilation, inverters 通风，逆变器

visibility of PV 光伏系统的可见性

visual displays 视觉展示

visual impact see aesthetics 视觉冲击力 见 建筑美学

voltage rises 电压上升

water minimization strategies 水的最小化策略

Weiz, Austria 魏茨，奥地利

Western Harbour, Malmö 西部港口，马尔默

wiring runs 线路布置

work plans 工作计划

World's Fair EXPO 2000 2000 年世博会

Wuppertal and Aachen University 伍珀塔尔和亚琛大学

zero energy homes (ZEH) 零能耗住宅（ZEH）

译后记

在能源危机的背景下，发展可再生能源也已成为全球其他各国的共同目标，其中光伏被视为最有发展潜力的绿色能源之一，又因其能与建筑较好的结合，所以得到众多业主和建筑师的青睐。目前，光伏建筑在欧美一些发展比较普及和快速的国家，已经出现了城市尺度的大规模应用光伏发电的案例，光伏的应用从单体建筑走向城市规模是必然趋势。在我国，太阳能光电建筑在2012年国家"光电新政"的引导下向城市规模发展，国家相关部门也公布了十三个光伏应用集中示范区的名单。

本书是国际能源署研究计划PVPS和欧盟研究计划UP-SCALE的共同成果，原编著者收集、整理、并系统性地归纳分析了欧美近些年来在城市环境中应用光伏的系统知识和诸多案例，内容包括城市规模光伏应用所涉及的宏观政策、并网发电系统、城市规划、设备维护等方面。鉴于光伏发展的国际趋势以及国内现在所面临的问题——国内在该领域起步相对较晚，光伏的大规模应用所涉及的理论知识和工程经验比较缺乏，而本书的引进和翻译将填补我国相关工程实践和理论研究的空白。

翻译这样一本专业性强，涉猎范围广的书籍，译者深感到了压力和责任。翻译过程中也不断地出现各种困难，一波三折，好在工作中挑战总是与乐趣并存。在此，我要感谢参与了翻译工作的陈融升，刘思威，黄俊峰，林冰杰，陈嘉璇，何笑寒，朱丹迪，李建爽，马郢晶，廖维，韩秉宸，黄靖等，感谢他们在本书翻译中的辛勤付出。同时，本书的翻译也可以视为我们在太阳能建筑和绿色建筑等领域长期坚持的研究工作的一部分，我们的工作得到了国家自然科学基金（编号51008136）和中央高校基本科研业务费资助（HUST：编号 2012TS044），对此也深表谢意。

希望本书中文版的出版，能为国内同行提供一点有意义的参考资料，疏漏和错误也敬请各位读者批评指正，不吝赐教。光伏在中国的规模化应用和发展，需要有志之士的共同努力，为此我们也将继续不懈地努力。

译者 2013 年 8 月